18世紀、世界初の国際科学遠征隊の記録

緯度を測った男たち

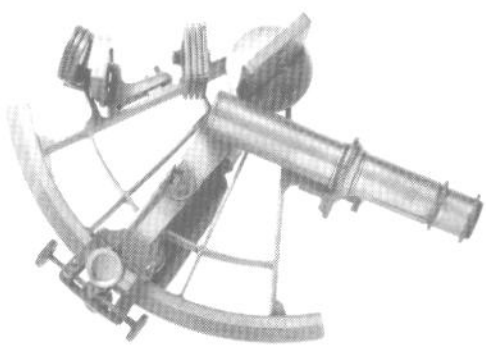

ニコラス・クレーン
Nicholas Crane

上京 恵 訳

LATITUDE

The Astonishing Adventure
that Shaped the World

原書房

1．1735 年、科学者たちはヨーロッパから出航し、想像でしか知らない場所——熱帯雨林、峡谷、雪をかぶった火山を赤道が貫く地——に向かった。『アンデスの中心』はアメリカの風景画家フレデリック・エドウィン・チャーチによる、現在はエクアドルとなった地の想像画。

2．測量隊のリーダーに任命されたルイ・ゴダンが、自分のものにしそこねた世界をつかんでいるところ。ゴダンは信用を失い、忘れられ、仲間たちからかなり遅れて南米から帰国した。

3．ヨーロッパに戻って九年後にジャン＝バティスト・ペロノーがパステル画に描いた、藤色の服に身を包んだ気難しいピエール・ブーゲ。最初、彼は遠征隊に参加を望んでおらず、航海を嫌悪していたが、結局は測量隊のリーダーになった。

4．1753年に高名な画家モーリス・カンタン・ド・ラ・トゥールがパステルで描いた肖像画で、シャルル＝マリー・ド・ラ・コンダミーヌはいたずらっぽい表情を浮かべている。ラ・トゥールが描いた多くのモデルには、ラ・コンダミーヌの友人ヴォルテールや国王ルイ15世も含まれている。

5．測量隊に参加したスペイン人大尉２人のうち年長のホルヘ・フアン・イ・サンタシリアは、国民的英雄として描かれている。南米から帰国した彼はイギリスで諜報員になり、モロッコとスペインでは紛争調停役を務めた。

6．カディスから南米に向かったとき、アントニオ・デ・ウジョーア・イ・デ・ラ・トーレ＝ギラルは 19 歳だった。文章力に秀でた地理学者の彼が発表した測量隊の記録には、スペインの植民地における人道犯罪を告発する報告も含まれている。

LIBRO TERCERO.

Viages desde el Puerto del *Callao* à *Europa*; con noticias de las Navegaciones desde la *Concepcion de Chile* hasta la Isla de *Fernando de Noroña*, *Cabo Bretòn*, *Terranova*, y *Portsmouth* en *Inglaterra*, y desde el mismo Puerto del *Mar del Sùr* al de el *Guarico* en la Isla de *Santo Domingo*, y de este al de *Brest* en *Francia*.

7．18世紀のグローバル化した世界では、情報や商品や人々が、不正確な海図、嵐、海賊、敵の艦隊による略奪などに翻弄されながら、複雑に入り組んだ海路をたどって移動した。測量隊の赤道までの旅は１年近くを要した。イラストは測量隊のスペイン人海軍大尉二人による著書『南米諸王国紀行』より。

8．フランスからの遠征隊が最初に上陸したのはカリブ海のマルティニーク島。そこでラ・コンダミーヌは〝黒吐病〟と呼ばれるひどい熱病に罹患した。

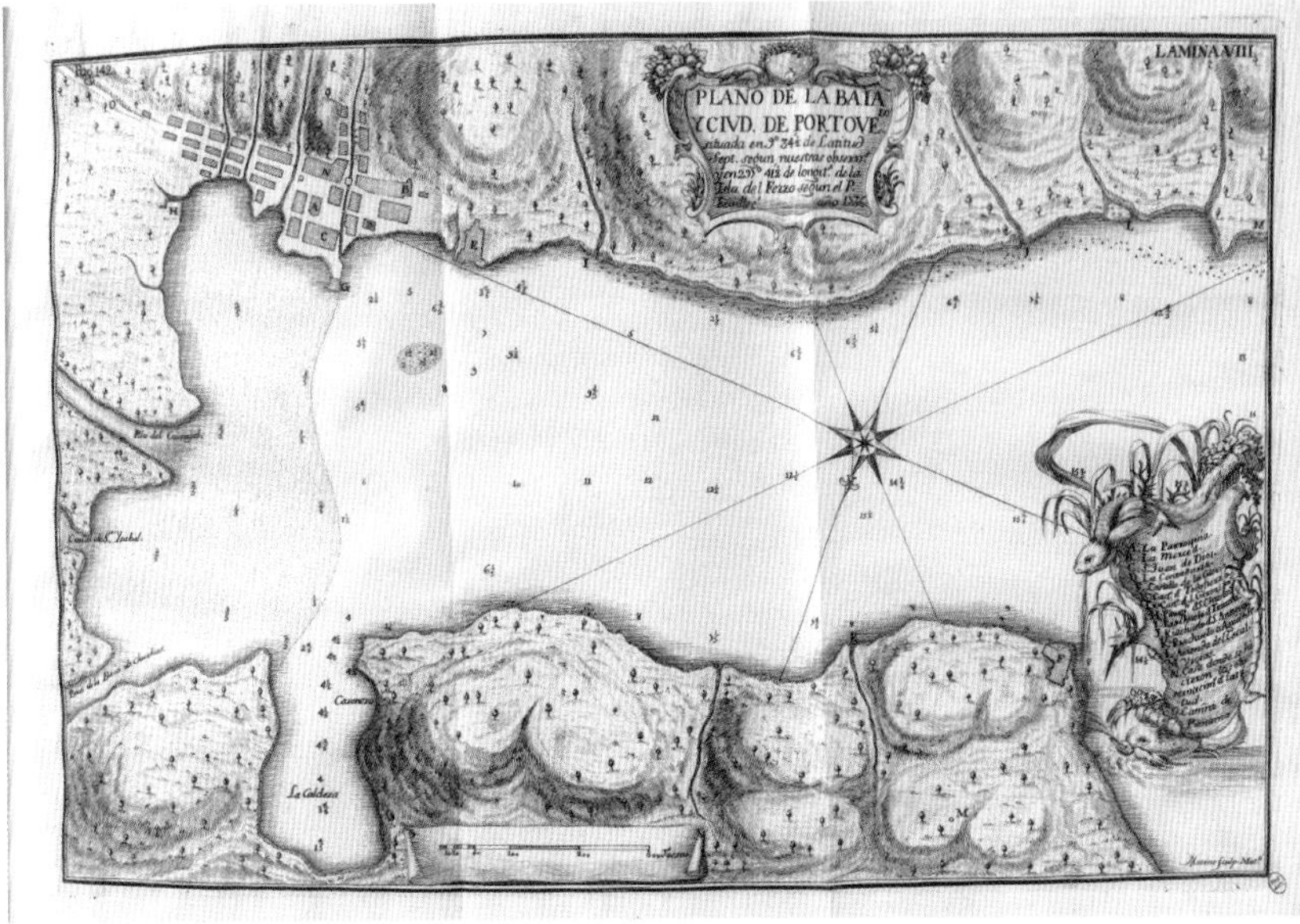

9．ポルトベロの地獄。測量隊は３週間、害虫や病気が蔓延しているため〝スペイン人の墓〟との異名を持つ地で、川船を待たねばならなかった。ホルヘ・フアンとウジョーアはこの錨地と町の詳細な地図を描いた。

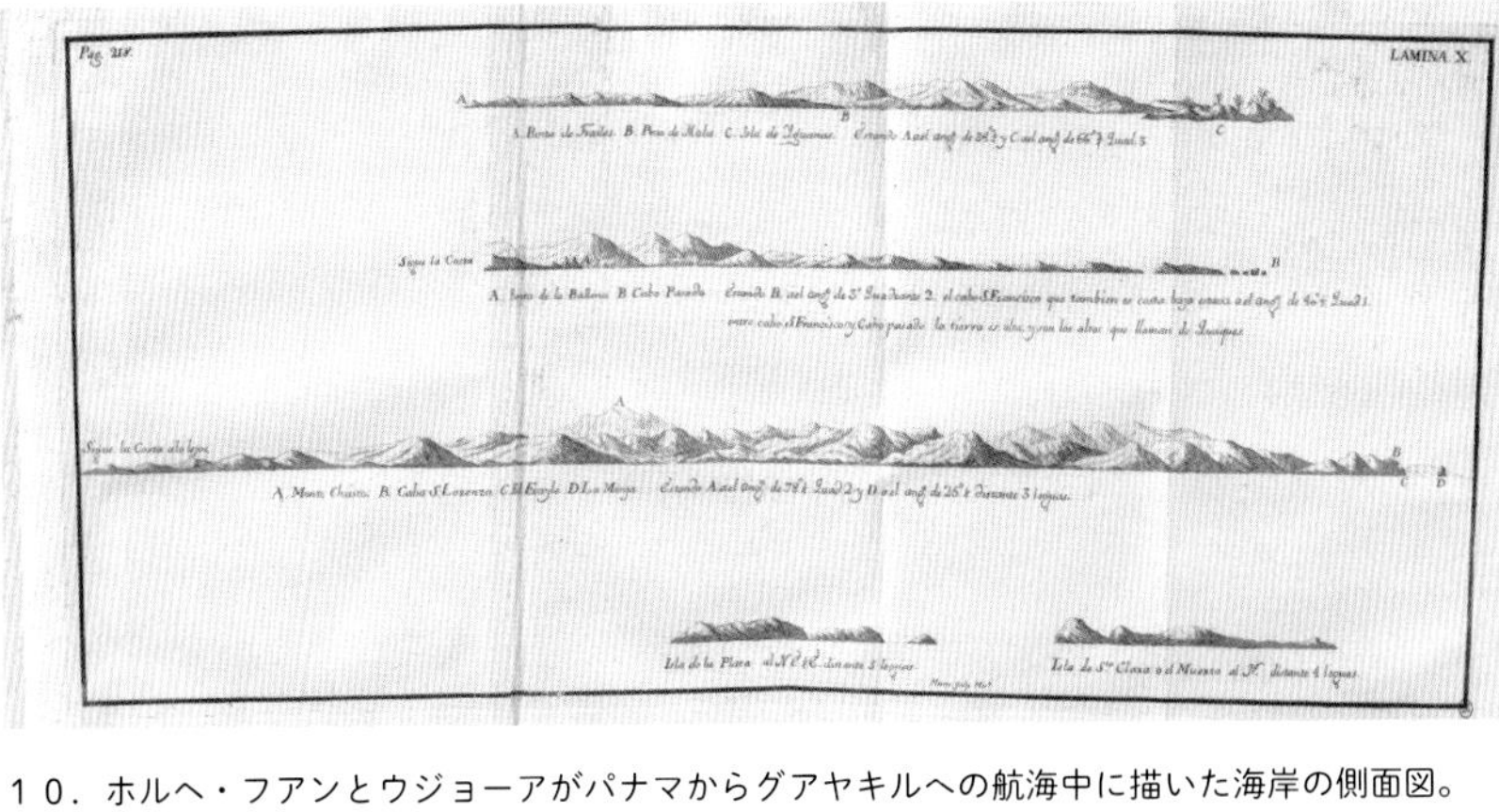

１０．ホルヘ・フアンとウジョーアがパナマからグアヤキルへの航海中に描いた海岸の側面図。いちばん上の図には〝悪い岬〟（B）とイグアナ島（C）が描かれている。２番目の図のＡは、赤道を探して船で北へ行ったラ・コンダミーヌをブーゲが待っていた〝鯨岬〟。Bは〝最後の岬〟の岩々。三番目の図のＡはマンタ湾から見上げた、ゴダンがブーゲとラ・コンダミーヌを置き去りにした〝モンテクリスト〟の山。いちばん下の図は、マンタからグアヤキルへの航海中に船が通り過ぎたと思われる二つの島。

11．〝パルマール岬〟に来た冒険家ラ・コンダミーヌは、ここは赤道が太平洋岸と交わる場所だと判断した。彼が銘を刻んだ岩の後ろには、四分儀、振り子時計、作製中の地図が描かれている。ハンモック、避難所、カヌーは、科学のためには安楽を犠牲にせざるをえないことを読者に思い出させる。

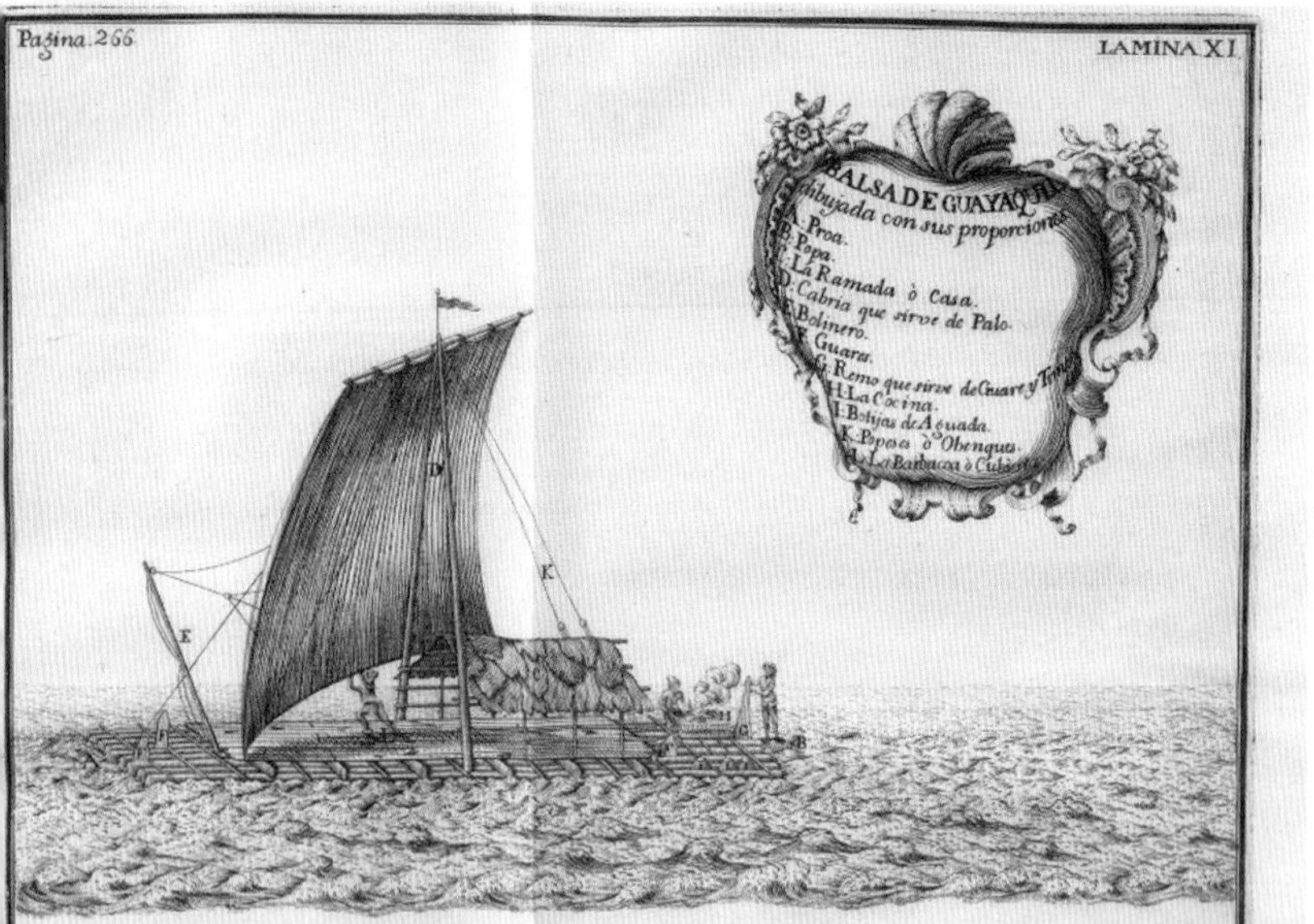

12．二人の海軍大尉はバルサ材のいかだに興味を引かれた。この図で、いかだは２本の格納式竜骨（F）によって針路を定められ、マングローブ製のＡ字型のマスト（D）には帆がついている。船尾の炉（H）は炊事場になっている。

１３．アンデス山脈を越えるには、うなりをあげる谷川の上方の不安定な道を行かねばならない。急勾配の道では、ラバは足を滑らせ、案内人は乗り手が落ちそうになったらつかまえようと木にしがみついて身構える。

１４．川を渡るにはトレド鋼並みの頑丈な神経が必要となる。峡谷では縄製の揺れる橋を渡るか、吊り網を対岸から引っ張ってもらうかしなければならない。

１５．アンデスの植物相と動物相、ホルヘ・フアンとウジョーアの著書より引用。アボカドの木（B）には「最高級の実」が生り、チェリモヤ（C）は「きわめて美味」。野生動物には、ラマ（F）、〝ムカ・ムカ〟すなわちオポッサム（G）などがいる。ここには描かれていないが、ヘビ、サソリ、蚊、ジャガーも棲息している。

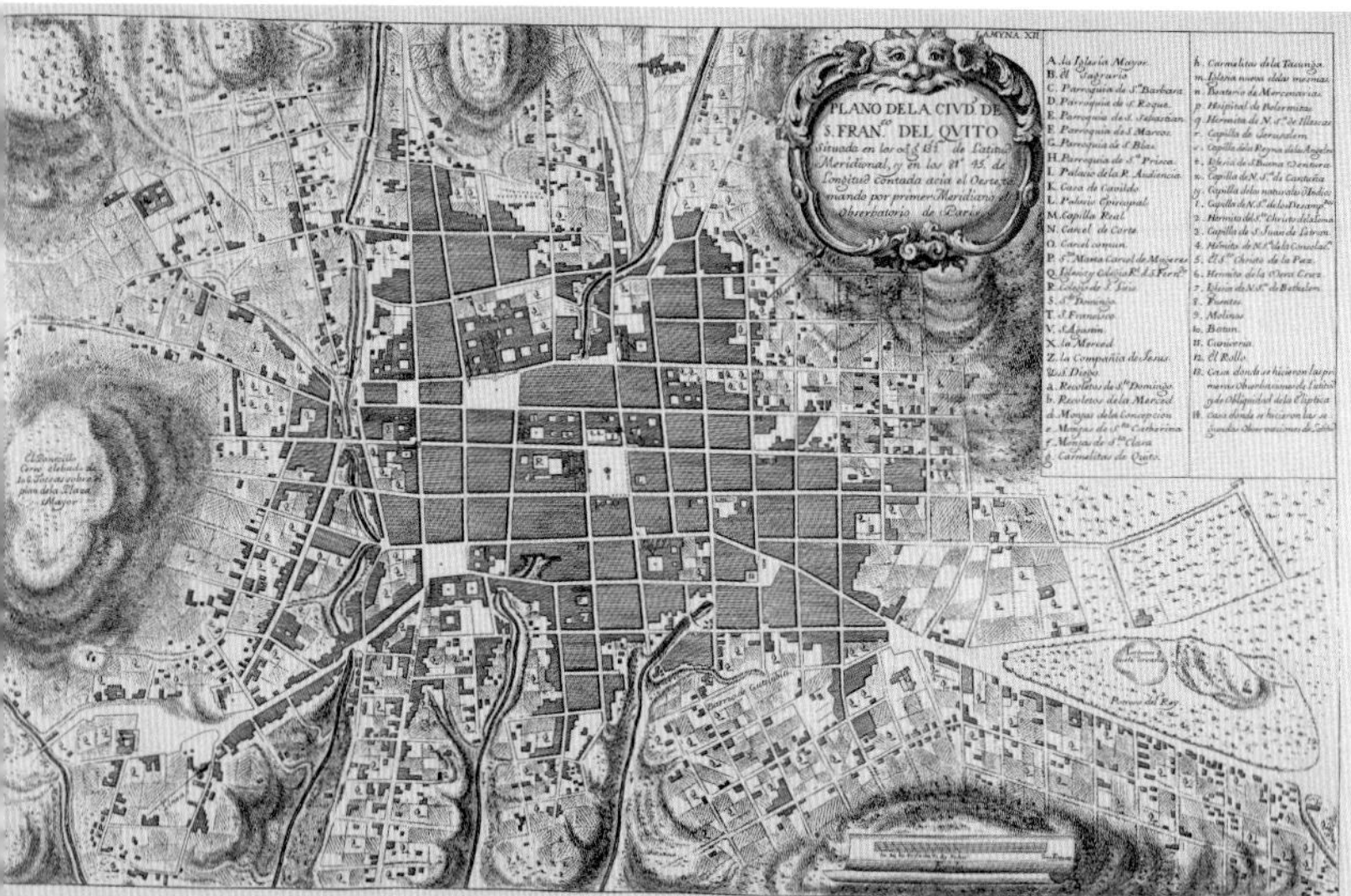

１６．モランヴィルによるキトの地図。上は北西で、郊外からピチンチャ火山につながっている。ホルヘ・フアンが長官の側近を殺した中央広場は、碁盤の目のような市街地の中央部に描かれている。測量隊のサンタバーバラ観測所は広場の３ブロック北。音速実験のため大砲が撃たれたパネシリョの山は地図の左側にある。

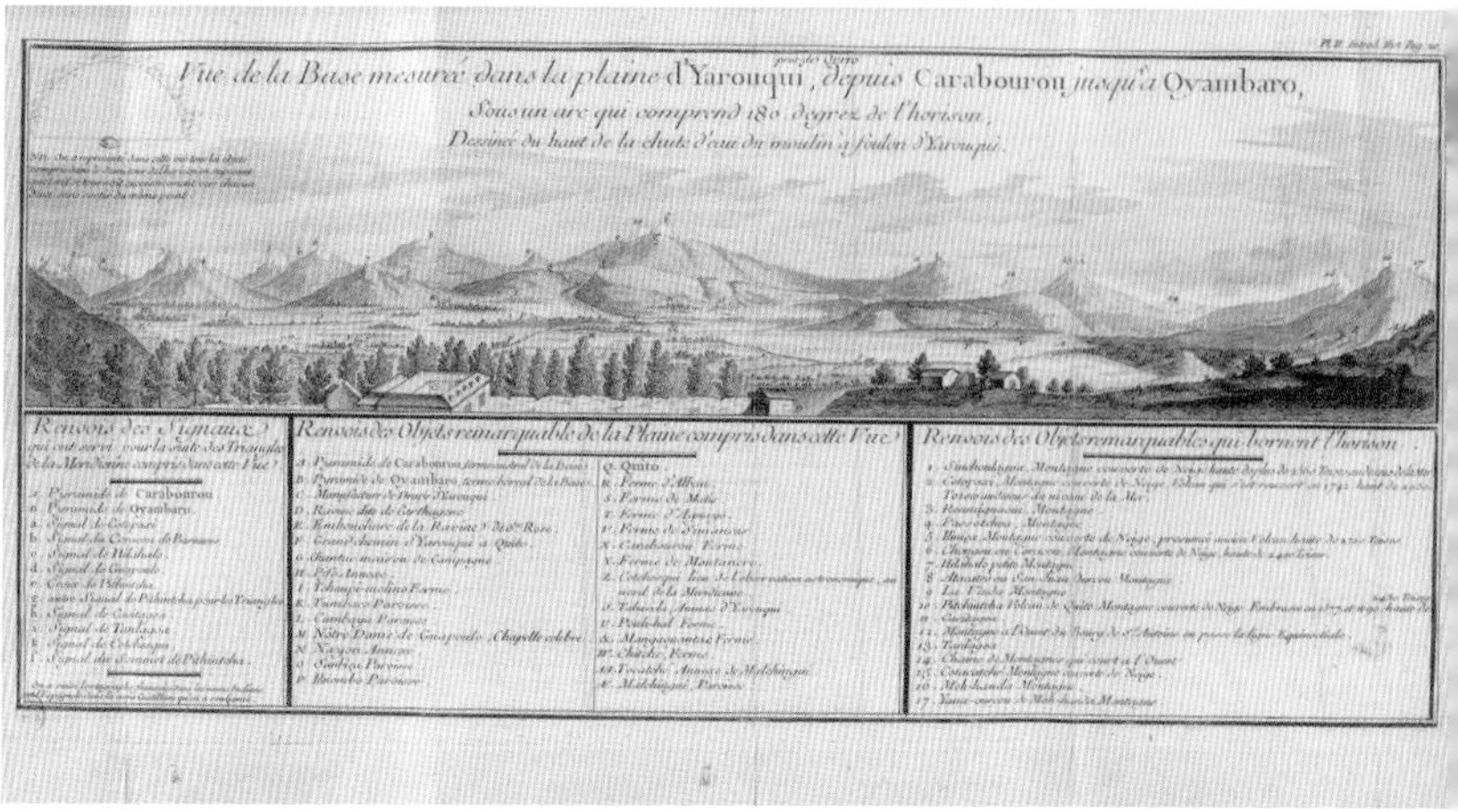

１７．ヤルキの基線から180度のパノラマで見たアンデス中心部。中央に見えるのはピチンチャの双子峰（詳細図を参照）、測量隊の多くのドラマが生まれた現場。［ｆ］は、ラ・コンダミーヌとブーゲとウジョーアが雪に埋もれて３週間野営した岩の先端に設置されたピチンチャの測標。［ｅ］の木製十字標は悪天候時にも見える目印として用いられた。ウジョーアが尻で滑り下りたタンラグアは［１３］で示されている。基線の両端は［Ｂ］（オヤンバロ）と［Ａ］（カラブロ）。［２］で噴火しているのはコトパクシ。ブーゲとラ・コンダミーヌが天頂儀の下に屈み込んで何カ月も過ごしたコチャスキの観測所は、右端、モハンダ火山（１６）ふもとの［ｋ］にかすかに見える。

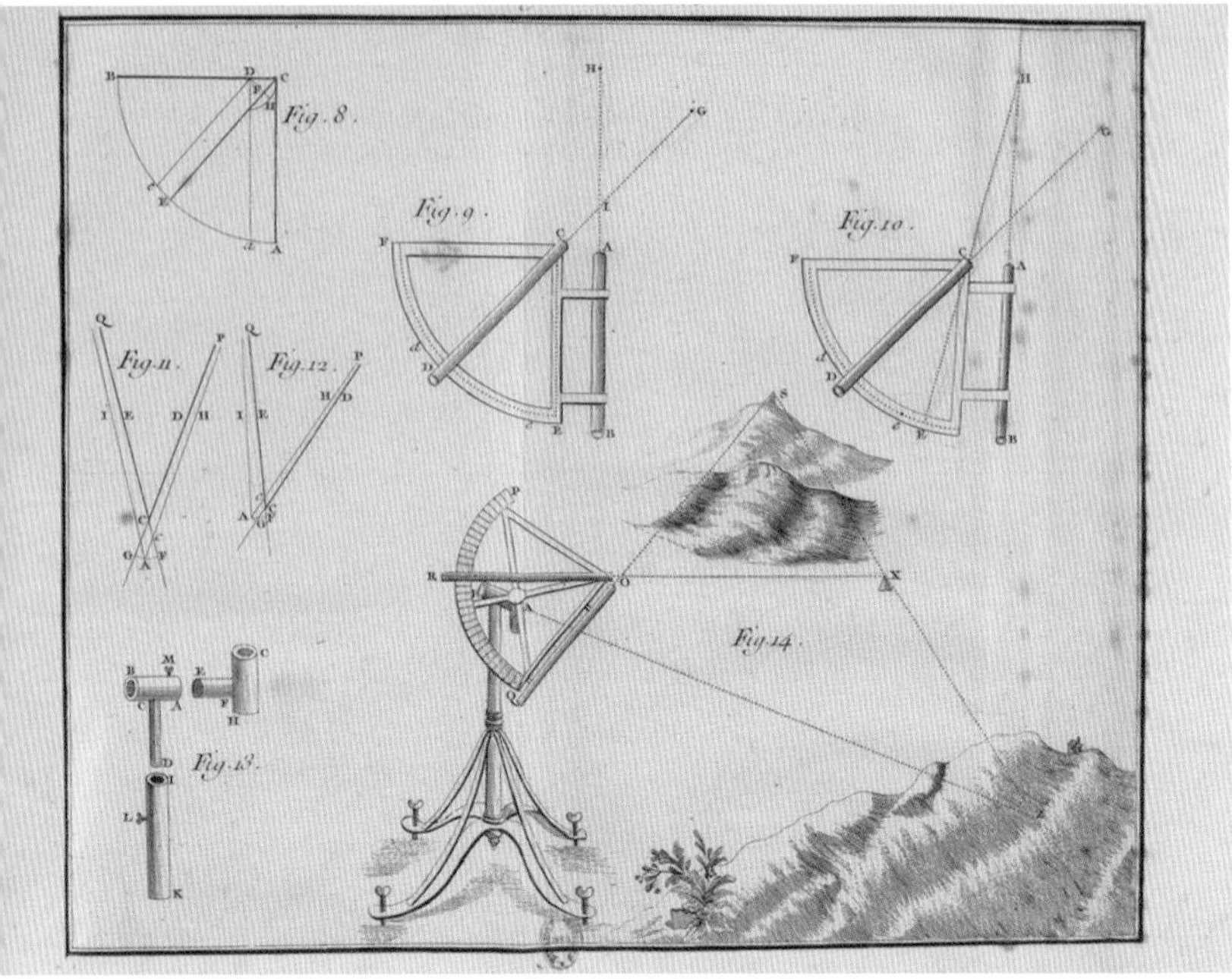

１８．18世紀のＧＰＳ。頼もしい四分儀は位置を測定するもので、目立つ場所に置かれた〝測標〟間の角度を測るのに用いられる。四分儀に十字線で取りつけた望遠鏡によって、正確に照準を合わせることができる。鉄製の台に設置した四分儀を傾けて、山の高さを測ることもできた。

１９．ラ・コンダミーヌが高地で用いるために作らせた、獣皮を二重に張った大型テントのマルキーズでの野営。フロックコートを着た観測者２人が四分儀を操作し、助手たちは消えた測標を改めて設置するため火山に登っている。現実は、ラ・コンダミーヌの本に収録されたこの版画とは少々異なる。テントは破れ、支柱は折れ、観測者たちは髪を乱し、アンデス風の服に身を包んでいた。

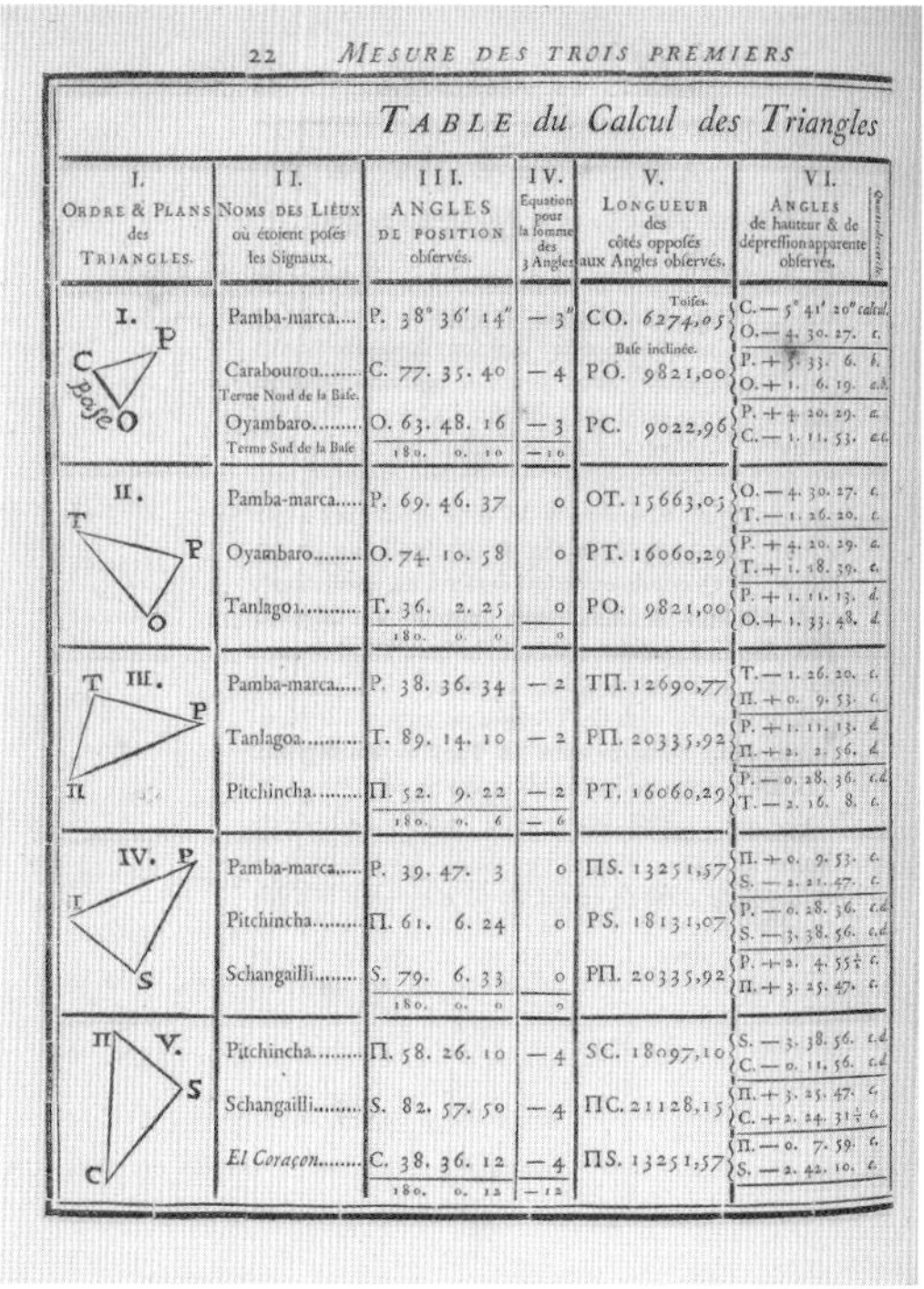

22 MESURE DES TROIS PREMIERS

TABLE du Calcul des Triangles

I. ORDRE & PLANS des TRIANGLES.	II. NOMS DES LIEUX où étoient posés les Signaux.	III. ANGLES DE POSITION observés.	IV. Equation pour la somme des 3 Angles	V. LONGUEUR des côtés opposés aux Angles observés.	VI. ANGLES de hauteur & de dépression apparente observés.
I.	Pamba-marca....	P. 38° 36′ 14″	— 3″	Toises. CO. 6274,05	C. — 5° 41′ 20″ calcul. O. — 4. 30. 27. c.
	Carabourou........ Terme Nord de la Base.	C. 77. 35. 40	— 4	Base inclinée. PO. 9821,00	P. + 5. 33. 6. b. O. + 1. 6. 19. a.b.
	Oyambaro......... Terme Sud de la Base	O. 63. 48. 16	— 3	PC. 9022,96	P. + 4. 20. 29. a. C. — 1. 11. 53. a.c.
		180. 0. 10	— 10		
II.	Pamba-marca.....	P. 69. 46. 37	0	OT. 15663,05	O. — 4. 30. 27. c. T. — 1. 26. 20. c.
	Oyambaro.........	O. 74. 10. 58	0	PT. 16060,29	P. + 4. 20. 29. a. T. + 1. 18. 39. c.
	Tanlagoa..........	T. 36. 2. 25	0	PO. 9821,00	P. + 1. 11. 13. d. O. + 1. 33. 48. d.
		180. 0. 0	0		
III.	Pamba-marca.....	P. 38. 36. 34	— 2	TΠ. 12690,77	T. — 1. 26. 20. c. Π. + 0. 9. 53. c.
	Tanlagoa..........	T. 89. 14. 10	— 2	PΠ. 20335,92	P. + 1. 11. 13. d. Π. + 2. 2. 56. d.
	Pitchincha.........	Π. 52. 9. 22	— 2	PT. 16060,29	P. — 0. 28. 36. c.d. T. — 2. 16. 8. c.
		180. 0. 6	— 6		
IV.	Pamba-marca.....	P. 39. 47. 3	0	ΠS. 13251,57	Π. + 0. 9. 53. c. S. — 2. 21. 47. c.
	Pitchincha.........	Π. 61. 6. 24	0	PS. 18131,07	P. — 0. 28. 36. c.d. S. — 3. 38. 56. c.d.
	Schangailli........	S. 79. 6. 33	0	PΠ. 20335,92	P. + 2. 4. 55½ c. Π. + 3. 25. 47. c.
		180. 0. 0	0		
V.	Pitchincha.........	Π. 58. 26. 10	— 4	SC. 18097,10	S. — 3. 38. 56. c.d. C. — 0. 11. 56. c.d.
	Schangailli........	S. 82. 57. 50	— 4	ΠC. 21128,15	Π. + 3. 25. 47. c. C. + 2. 24. 31½ c.
	El Coraçon........	C. 38. 36. 12	— 4	ΠS. 13251,57	Π. — 0. 7. 59. c. S. — 2. 42. 10. c.
		180. 0. 12	— 12		

20．単純化した三角測量。ラ・コンダミーヌによる1751年の著書からのサンプルページは、初期の数個の三角形で測定した角度を示している。最初の基線（1番目の図のC－O）の長さを測り、そのあと角度を測定した。

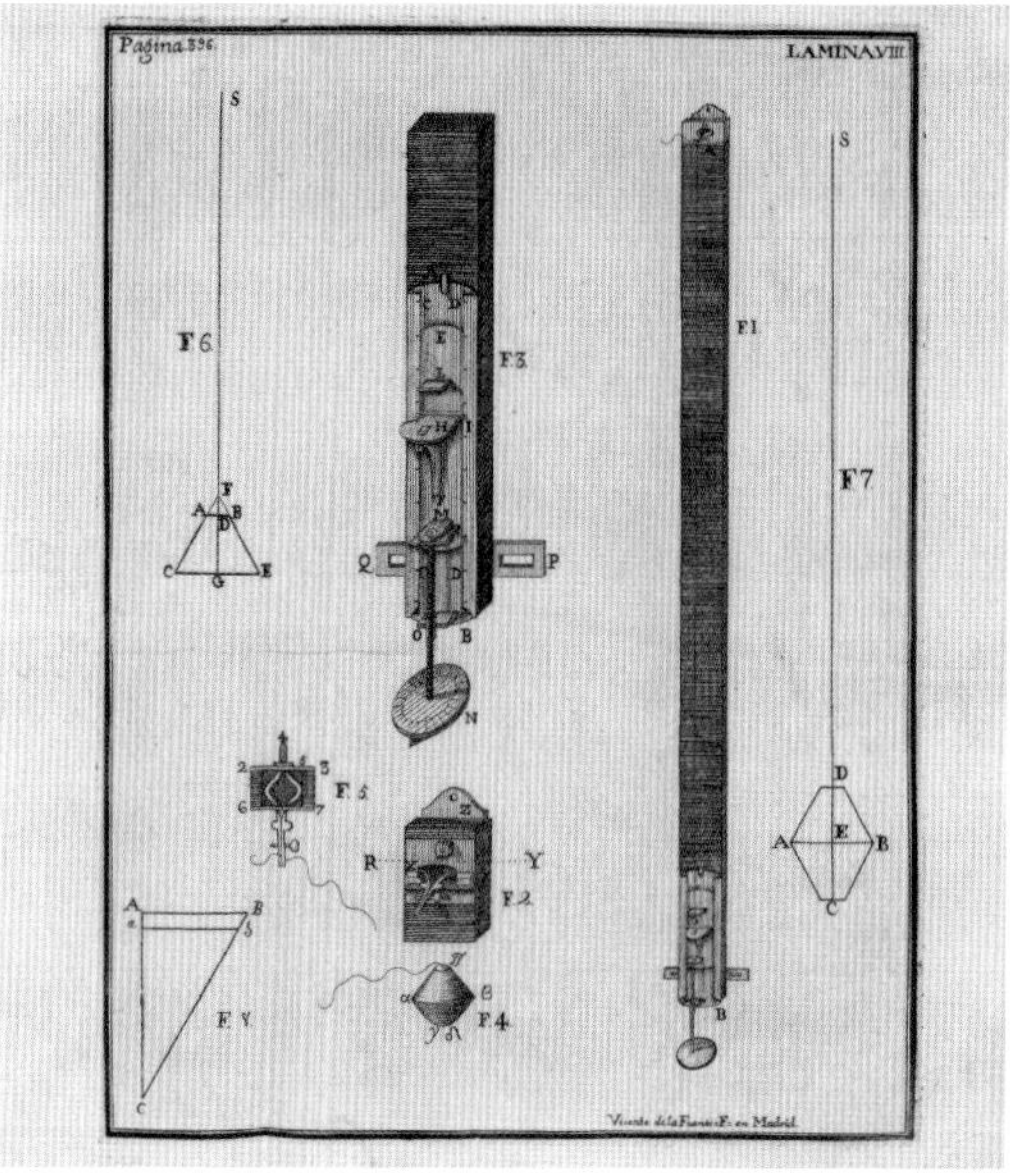

21．振り子の問題。フランスから送られた中でも慎重な扱いを要する機器の1つである振り子は、地球の重力を測るのに用いられた。振り子は壁か堅固な枠に設置する必要があった。地震や可動部の摩擦により、無数の問題が発生した。

２２．パンバマルカの霧虹。この合成図では、マルキーズのテントの横に初期のタイプの測標が見える。〝ブロッケンの妖怪〟とも呼ばれる〝霧虹〟を最初に観測したのはブーゲだった。彼は、低い日光によって自身の姿が雲に投影され、虹色の〝冠〟に囲まれているのを目にしたのである。

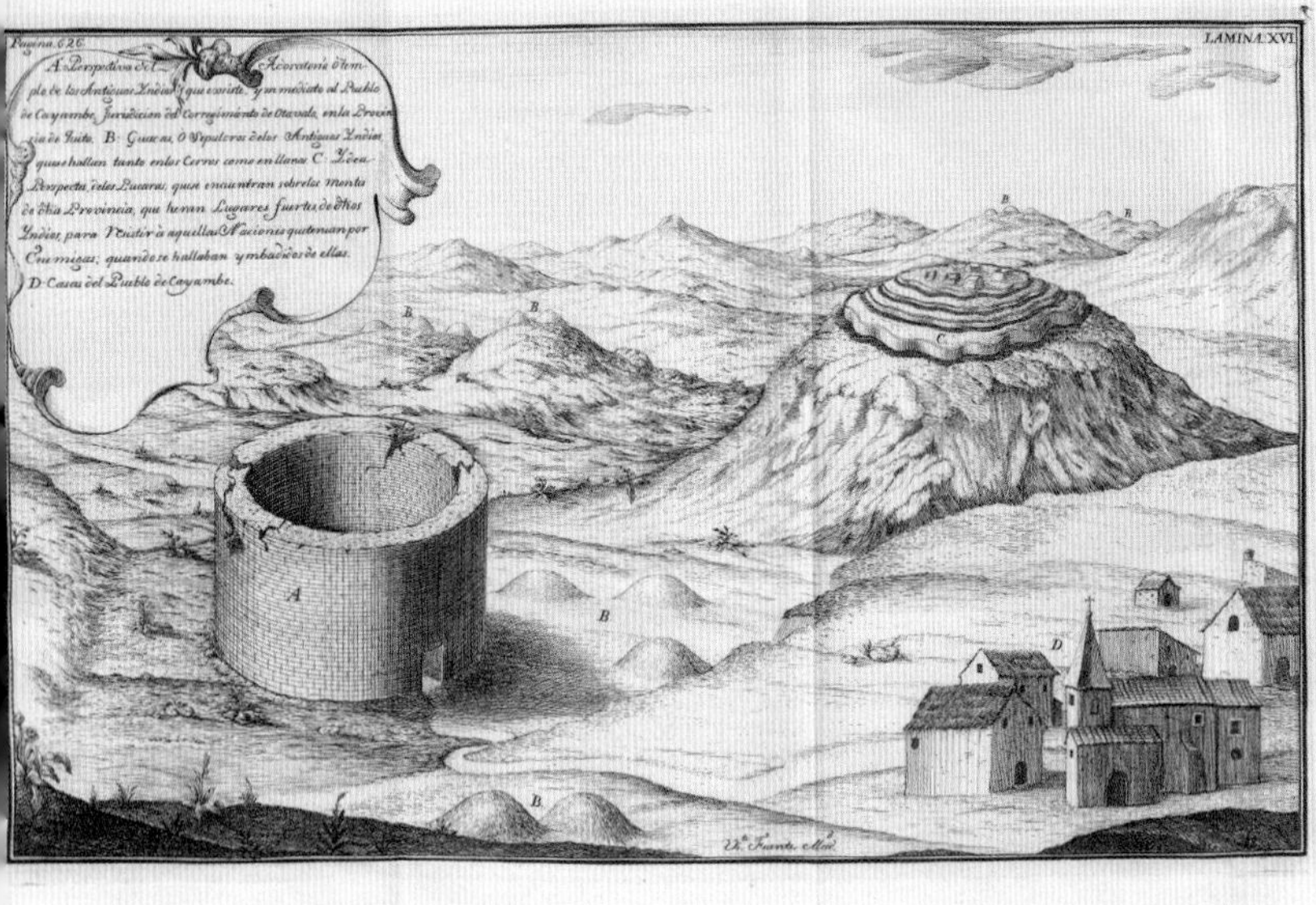

２３．スペイン人大尉ウジョーアが描いたパンバマルカの失われた世界。「古代インディオ」の「寺院」と、丘の上の砦らしきところの同心円。測量隊はこの地に最初の測標の１つを置いた。前方に見えるのはスペイン領カヤンベの家々と教会。

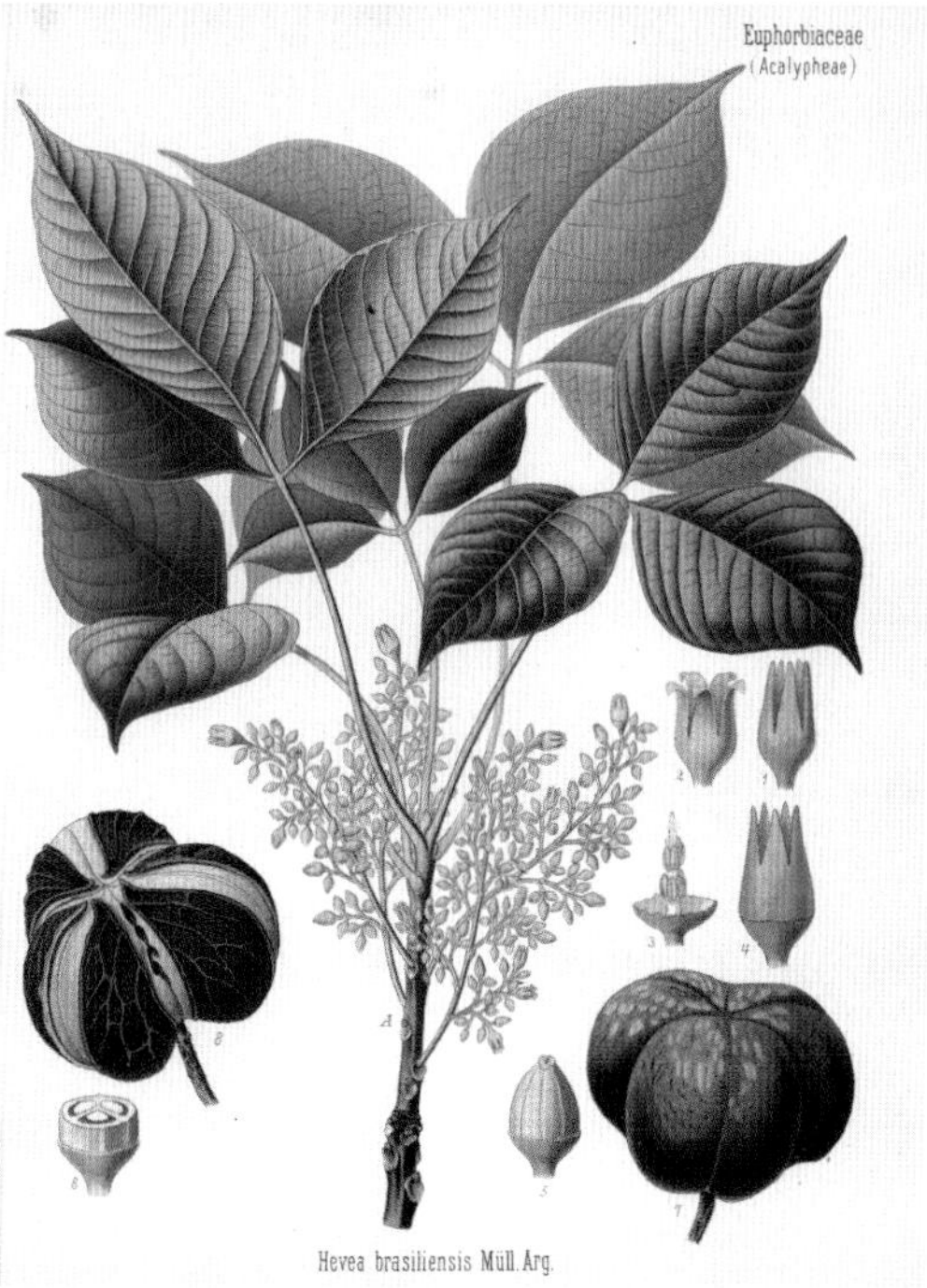

２４．ゴムの発見。海岸からキトへ行く途中、ラ・コンダミーヌは熱帯雨林のある木の樹液から抽出した見慣れぬ弾力性のある化合物を偶然発見した。測量隊によるいくつかの〝初〟の１つは、ゴムの詳しい描写を初めてヨーロッパにもたらしたことだった。

２５と２６．マラリアの治療薬。ジュシエー、セニエルグ、ラ・コンダミーヌはロハ近辺のキナノキが繁殖する森を探索した。やがて、キナノキの樹皮の粉はキニーネとして知られるようになる。挿入画はラ・コンダミーヌによる報告書『キナノキについて』より。

２７．キロトアの火口湖。ラ・コンダミーヌが、幻の金鉱と、測量を締めくくるための山を探しているとき、かつて火炎と焼け焦げた動物の群れを噴出したと言われる湖に遭遇した。彼は調査のため火口まで下りた。

２８．チンボラソ（高さ 6310 メートル）は世界一高い山だと考えられていた。ブーゲとラ・コンダミーヌとウジョーアはニュートンの引力の法則を確かめるため、この火山の途中まで機器を持って登った。測量隊の緯度計測によって、チンボラソ山頂は地球の中心から最も遠く離れた地点——ゆえに最も星に近い場所——であることが確かめられた。

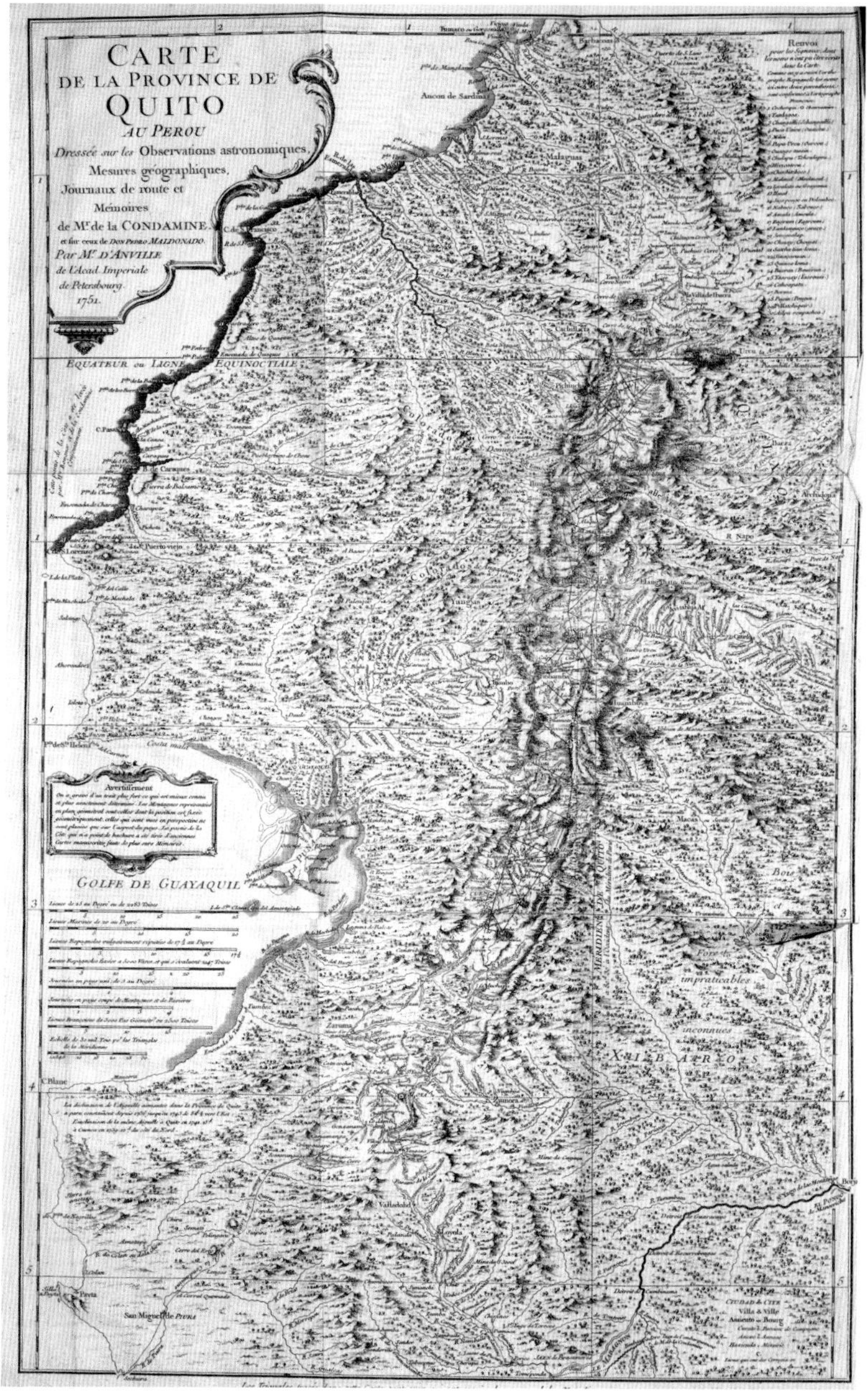

２９．４年間にわたる測量で、三角鎖は、赤道（キトのすぐ北で地図を横断している線）から緯度３度以上の長さまで延ばされた。

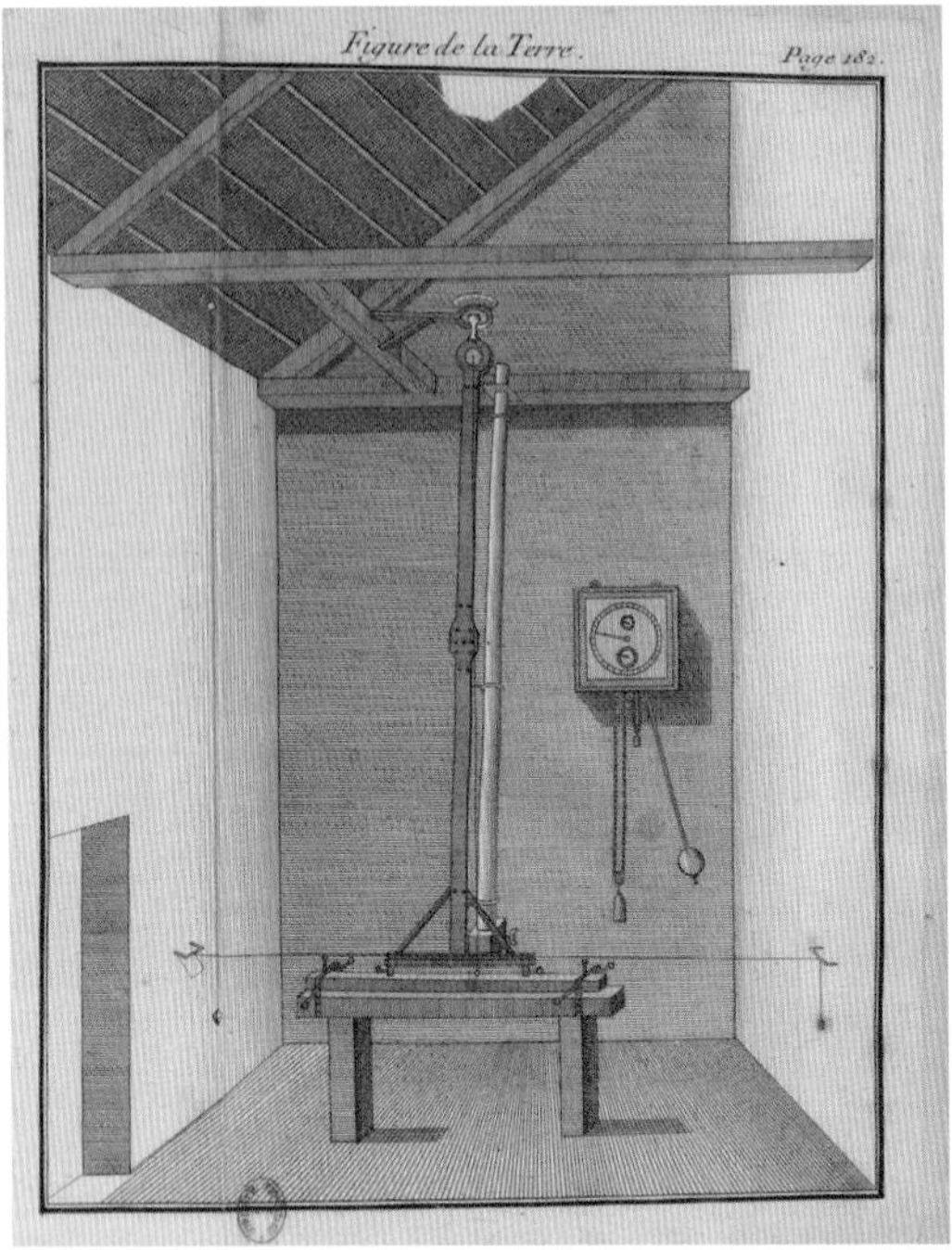

３０．〝拷問道具〟。天頂儀は非常に大きく敏感なので、専用の観測所を必要とする。具体的には、屋根に穴が開き、壁に振り子時計を設置した建物である。観測者は、非常に長く正確に方向を合わせた望遠鏡の接眼部の下で、床に寝そべらねばならない。三角鎖の両端の位置を定める天文観測に３年以上が費やされた。

３１．ホルヘ・フアンとウジョーアが発表した紀行本に掲載された、中央部がふくらんだ地球。赤道測地測量隊は、緯度１度の長さは極点よりも赤道地帯でのほうが短く、地球はニュートンが立てた仮説のとおり扁平の球体であることを証明した。

緯度を測った男たち

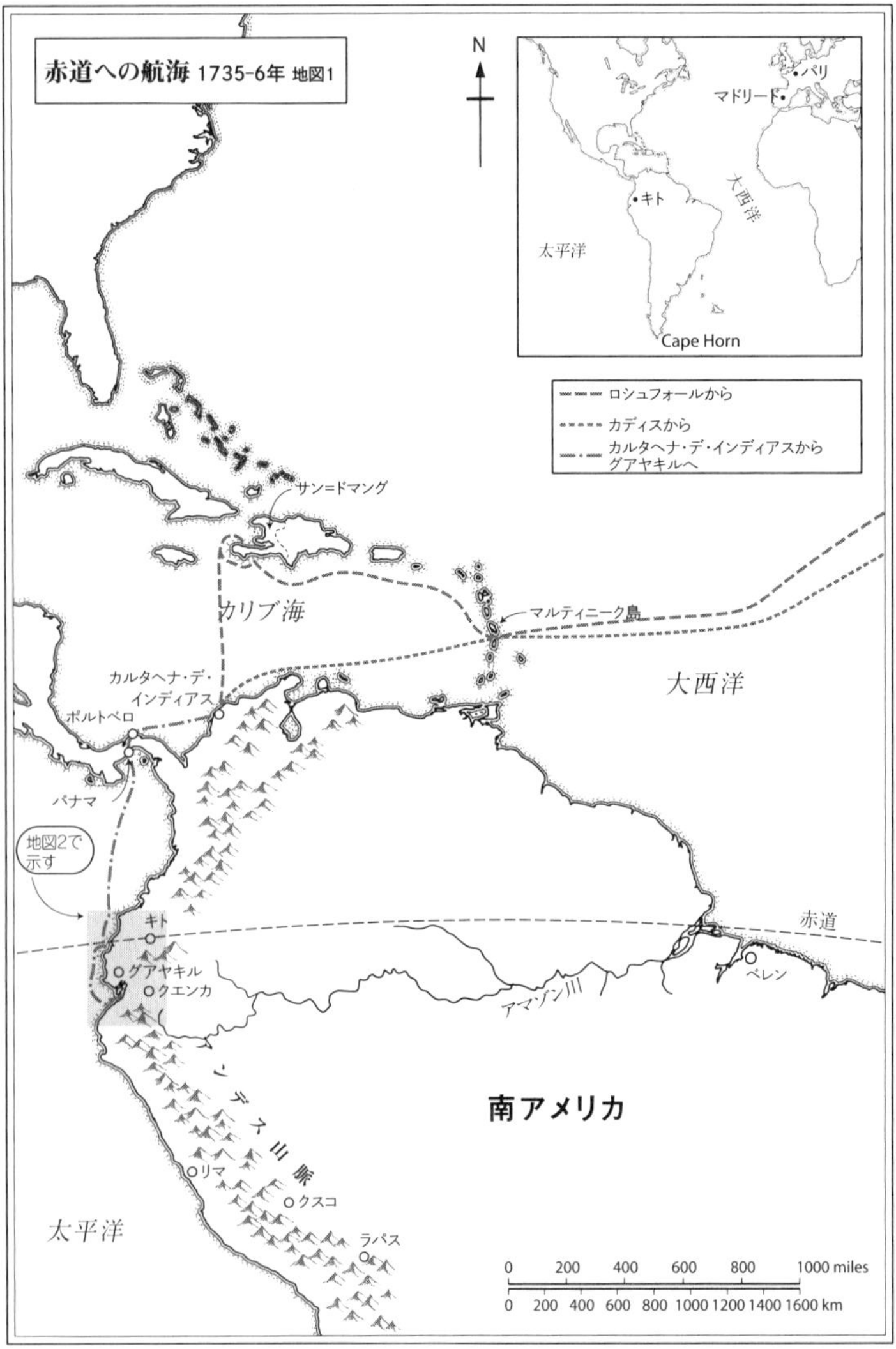

赤道への航海 1735-6年 地図1
N
パリ
マドリード
キト
大西洋
太平洋
Cape Horn
ロシュフォールから
カディスから
カルタヘナ・デ・インディアスから
グアヤキルへ
サン=ドマング
カリブ海
マルティニーク島
大西洋
カルタヘナ・デ・
インディアス
ポルトベロ
パナマ
地図2で
示す
キト
赤道
グアヤキル
クエンカ
アマゾン川
ベレン
アンデス山脈
南アメリカ
リマ
クスコ
ラパス
太平洋
0 200 400 600 800 1000 miles
0 200 400 600 800 1000 1200 1400 1600 km

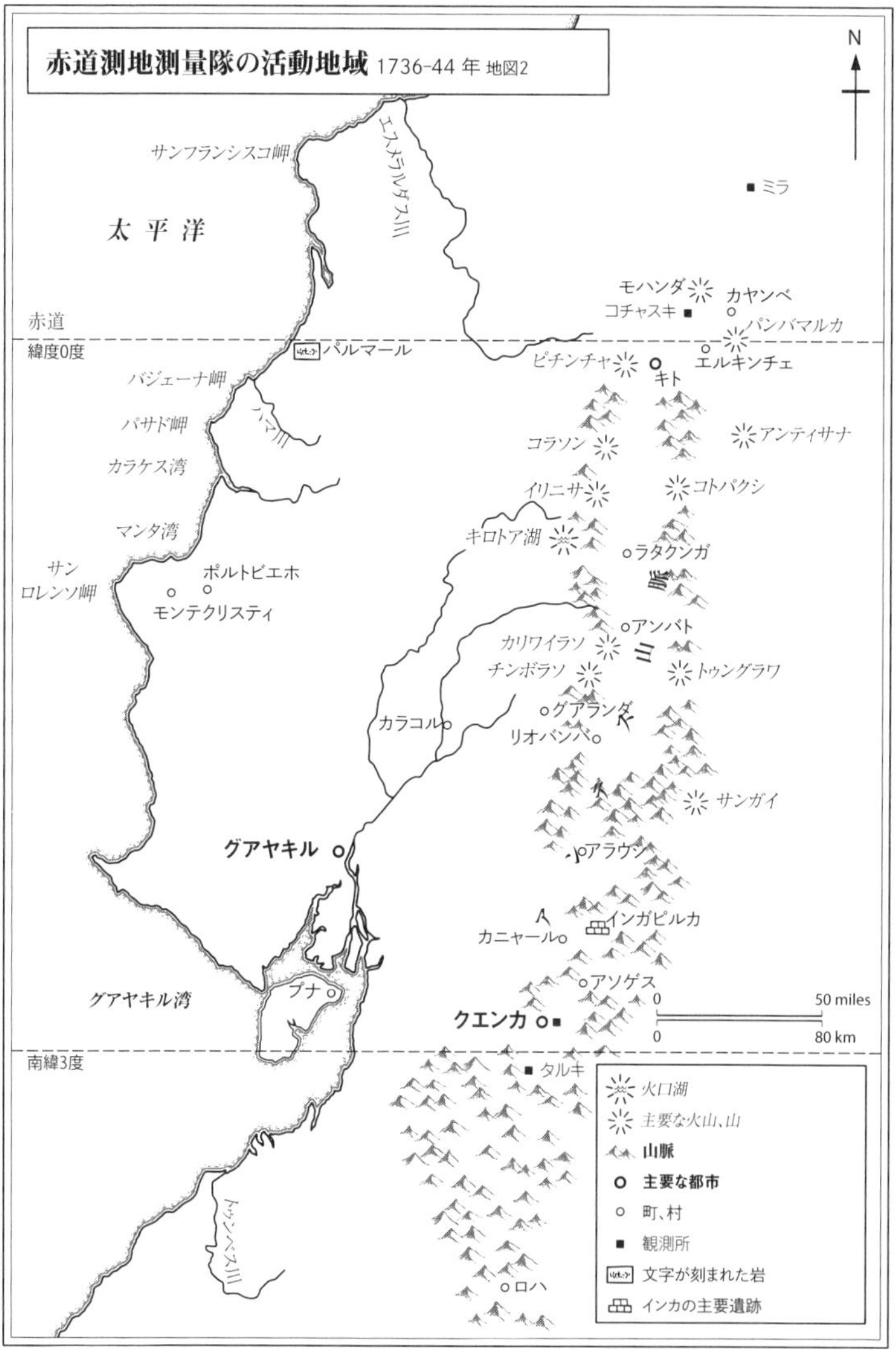

赤道測地測量隊の活動地域 1736-44 年 地図2
N
ミラ
サンフランシスコ岬
エスメラルダス川
太平洋
モハンダ
カヤンベ
コチャスキ
パンバマルカ
赤道
緯度0度
パルマール
ピチンチャ
キト
エルキンチェ
バジェーナ岬
パサド岬
アンティサナ
コラソン
カラケス湾
イリニサ
コトパクシ
マンタ湾
キロトア湖
ラタクンガ
サン
ロレンソ岬
ポルトビエホ
モンテクリスティ
アンバト
カリワイラソ
チンボラソ
トゥングラワ
グアランダ
カラコル
リオバンバ
サンガイ
グアヤキル
アラウシ
インガピルカ
カニャール
アソゲス
0 50 miles
0 80 km
グアヤキル湾
プナ
クエンカ
南緯3度
タルキ
トゥンベス川
ロハ
火口湖
主要な火山、山
山脈
主要な都市
町、村
観測所
文字が刻まれた岩
インカの主要遺跡

「二四時間後、彼らはようやく再び陽光を目にした。だがカヌーは急流にのまれて粉々に砕け散った。彼らは一リーグ（六キロメートル余り）にわたって、足取り重く岩から岩へと進んでいった。やがて、とうてい登れそうにない山々に囲まれた、広大な開けた平野に出た。土地は、必要のためばかりでなく美しさのためにも耕されていた。なぜなら、あらゆる場所で、有用性は快適さと結びついていたからである」

——ヴォルテール、『カンディードまたは最善説《オプティミスム》』（植田祐次訳、岩波書店、二〇〇五年）

I

潮の流れは変わりつつあった。間もなく月が海水を引っ張り、暗い川の水は引くだろう。闇の中から、ぬかるみを這う水の音と、姿の見えない鳥の不気味な鳴き声が聞こえてくる。川の西岸では、ロシュフォールの屋根や塔は漆黒の空に溶け込んでいる。くぐもった鈍い音が湿った空気に乗って運ばれてきた。水夫が櫓を漕いでいるのだ。待つのもそろそろ終わりだ。薄れゆく星々の下で三本のマストが帆の向きを変えると、船体は震えた。一七三五年五月一二日の夜が明けた。

ポルテフェ号には一〇〇名以上の客が乗り、穀物や大砲といった貨物が積載されていた。植民地に向かうフランスのほとんどの船と同じく、船倉は荷物で満杯だ。船上の人間は皆、安全な航海を願っていた。船は一八年という長きにわたって海上航行を続けている。一七一七年にトゥーロンで就航した全長一一七フィート（約三五メートル）の船は、廃船となった軍艦三隻の木材を再利用して建造されていた。下部甲板に八ポンド砲の大砲を二二門、上部甲板に六ポンド砲を二二門載せた船を動かすのは、一四〇人の下級船員と五人の高級船員。彼らを指揮する船長はギヨーム・ド・ミーシャン大尉である。

この一カ月は大変だった。乗客には〝赤道測地測量隊〟が含まれている。フランス各地からシャラント川を下って集まった学者《ユニヴェルシテール》、助手、召使いから成る雑多な一団は、途方もない量の荷物、科学機器、そして国王からの授権書を携えていた。書物のトランクだけで二〇個以上。一人は犬を連れている。港の運営を任されている役人であるロシュフォールの海軍監督官には、測量隊のために剣、マスケット銃、火薬と弾薬、テントと毛布、手術用機器と調理器具を用意するようにとの指示が出されていた。ロシュフォールの石造りの埠頭には六〇以上の木箱やトランクが集積し、さらに梱包しきれない身の回りの品々もある。その重さも容量も船の能力を超えていた。過積載の船は往々にして、シャラント川の泥土堤や湾の浅瀬に乗り上げる。測量隊の過剰な荷物を前にしたミーシャン船長は、一四〇樽の穀物を積み下ろさざるをえなかった。貨物を積み直すには二日かかった。この作業はブーゲ教授の監督のもとで行われた。彼は水路学者および天文学者であると同時に、船の重量配分に関するフランス屈指の専門家だったのだ。

ミーシャンは、錨を上げて、船を引き潮に乗って下流へ進ませるよう命じた。午前一〇時には、ポルテフフェ号はシャラント川河口の流れに沿って入り江の砦へと向かっていた。マダム島の防壁の銃眼の前を通り過ぎ、広い海面に出る。そのとき風が止まった。人々の目はだらりと垂れた帆に向かった。錨の鎖がエクス島沖の海底に当たってガラガラ鳴ると、乗客の中には、出航直後のトラブルは悪い予兆なのかと気に病む者もいた。

何時間もが経過し、やがて夜になった。ポルテフェ号は四日間停泊した。その後風が再び吹きはじめ、帆が上げられた。弧を描いてぴんと張った帆布の下で、船員と乗客は船がオレロン島の海岸の手すりの横を通るのを見つめ、やがて船は島の北端とコルベールの灯台を無事に通り過ぎた。灯台や道路や運河を作り、フランスの再建にもかかわったジャン＝バティスト・コルベール、いわゆる〝大コルベール〟は、フランス初の科学研究の学会、フランス科学アカデミーの基礎を築いた人物でもある。ポルテフフェ号の乗客のうち三人は、アカデミーの選ばれた会員だった。

ポルテフェ号が西へ針路を変えると、甲板は波に合わせて上下に揺れ、ブーゲ教授は胃の中身を戻した。もともと測量隊に参加したくはなかったのだ。「この事業にかかわるつもりはまったくなかった」のちに彼はそう振り返り、「虚弱な」体調のせいで航海に嫌悪感を持つようになっていたと述べた。ピエール・ブーゲはブルターニュ地方の大西洋岸にある主要な港湾都市ル・クロワジックで水路学の教授を務め、船長や水先案内人に海での生活に向けた訓練を行っていた。だがブーゲ自身は生まれながらの船乗りというわけではなく、今回が彼にとって初の大西洋横断だった。

ポルテフェ号は嵐にも負けず、ビスケー湾を通ってスペインの先端へと向かった。フィニステレ岬の岩礁を離れると、船員と乗客はヨーロッパに別れを告げた。一夜ごとに、彼らは船上の日課と海の厳しさに適応していった。安定したフランスの陸地と違って、二五〇人ほどを乗せた六五〇トンの船は狭苦しくて住み心地が悪い。ブーゲたちアカデミー会員は、新しい機器の使い方を学んで吐き気と退屈から気をそらそうとした。

彼らが南米に向かっているのは、当時の大きな疑問に答えるためだった。〝本当のところ地球はどんな形をしているのか?〟という疑問である。地球が完全な球体ではないことについては、大方の人の意見は一致している。だが、それは南北両極に向かって縦長なのか、あるいは横方向に長いのか? 地球は扁長楕円体(プロレート)か、扁平楕円体(オブレート)か? 縦長派にはフランスの哲学者ルネ・デカルトの信奉者がおり、横長派にはイギリスの数学者アイザック・ニュートンの信奉者がいる。アカデミーのエリートがよく訪れるパリのサロンやカフェにおいて、デカルト派とニュートン派はほぼ半々だった。ニュートンの理論は比較的新しいもので、流動的で回転している地球の内部の遠心力が非常に大きいため地球は赤道でふくらみ、両極では平らになっていると予想していた。

これは単なる机上の議論としてすませられる話ではない。地球の正確な形がわからない限り、精密な地図や海図は作れない。赤道測地測量隊の測定によって、必ずや大洋の航海はより安全で、より実り多いものになるだろう。フランスにとっての地政学的、経済的利益を理解していた人々の一人が、海軍大臣のモールパ伯爵ジャン=フレデリック・フィリップ・フェリポーである。彼はフランスの海運力と威信の復活を画策していた。海軍にとって安全な航海は不可欠だ。それに、フランスの遠征隊がスペインの統治するペルー副王領に入れば、南米のスペイン植民地に関する有益な機密情報を集められるだろう。ヨーロッパの二つの超大国間で交易を進め、政治的関係を築くという利益が得られる可能性もある。

ポルテフフェ号の三人のアカデミー会員は期待を背負っていた。手ぶらでフランスへ帰ることは許されない。扁長／扁平の議論に決着をつけるために重要な鍵は、地球上を平行に走る緯線である。地球の表面上にあるすべての地点の緯度は、赤道からの角距離を表している。したがって、赤道上ならどこでも緯度〇度であり、北極点は北緯九〇度、南極点は南緯九〇度となる。フランスでの緯度一度の長さと赤道での緯度一度の長さを比べれば、地球が扁長楕円体か扁平楕円体かを知ることができるはずだ。

　赤道での緯度一度の長さを計算するため、アカデミー会員たちは二段階の計画を立てた。まず、仮想の三角形を並べ、角度測定を用いてその連鎖（三角鎖）の正確な長さを計算する。次に、天文観測によって、三角鎖の両端の緯度を定める。地上における三角鎖の全長（海抜〇メートル地点に換算した値）を天文緯度で割れば、緯度一度の長さを計算できる。この数字を出すのは、現実には机上で考えるほど簡単ではなかった。緯度一度の長さが六〇マイル（約一〇〇キロメートル）程度であることは知られていたが、より正確にするため彼らは測定対象を三度にしたいと考えた。つまり三角鎖の長さは二〇〇マイル（約三二〇キロメートル）近くになる。これほど過酷な条件の土地で、このような大規模な測量が試みられるのは、今回が初めてだった。調査のために選ばれた南米の赤道地帯は、熱帯雨林、火山や峡谷、それに致死性の高い病気、危険な野獣、貧弱な通信手段、猜疑心の強いスペインの役人といった種々の危険があることで知られていた。任務は、高価で、技術的に困難で、物理的に危険な、数字を求める探検だった。その数字はフランスの単位である一〝トワーズ〟の倍数として表される。トワーズは六〝ピエ〟に相当する単位［一ピエは約三二・四八センチメートル］である。

測量隊は、道具製作の専門家クロード・ラングロワが鍛造して正確に一トワーズに作った鉄の棒を携えていた。棒は探検中のすべての測定に用いられることになる。

ポルテフェ号に同乗したほかの客の目には、赤道測地測量隊は奇妙な集まりに見えていた。メンバーは一〇人で、四人の召使いが付き添っている。隊を率いるのはフランス科学アカデミーの三人。最年長のブルターニュの大学教授ピエール・ブーゲは、ル・クロワジックで少年時代を過ごしたときから常に数字で物事を考えていた。父親はル・クロワジックで水路学教授を務めており、ピエールは一六歳で父親の地位を受け継いだ。一八歳のときにはパリを頻繁に訪れ、海軍評議会にも出席するようになっていた。学問のことしか頭にない浮世離れした人物で、その数学的発想による革命的な論理はまさに海軍が必要とするものだった。ブーゲは二三歳にして、船の積載量を測定する二つの対立する方法に関するフランス科学アカデミー内での議論に決着をつけることを求められた。六年後、この金銭感覚に乏しい水路学者は「船のマストの形成と配置の最善の方法について」と題する論文でアカデミーから賞を受けた。モールパから呼ばれたとき彼が取り組んでいた調査プロジェクトの一つは、成文化されていない試行錯誤による造船方法を廃して物理学の法則に基づき確立された数学的規則を導入することを目的とする、造船工学に関する論文だった。未完成の論文は、ポルテフェ号の船室に置かれている。ブーゲは測量隊への参加に気乗りしていなかったが、その原因は大洋航海への不安以上に、科学的野心にあった。長期間海外に滞在するとなると、研究を中断せねばならないのだ。だがモールパは、貴重な器具を渡し、費用は負担すると約束し、ブーゲをアカデミー内で一般会員《アソシエ・オーディネール》から終身会員《パンショネール》に昇進させると請け合って、この野心的だが金欠の科学者を説得した。

シャルル＝マリー・ド・ラ・コンダミーヌはブーゲより三歳若く、ブーゲと同じく未婚だった。測量隊のほかのメンバーもほどなく知ることになるが、ラ・コンダミーヌの性格は、好奇心と無謀さという穏やかならざる組み合わせによって築かれていた。生い立ちは月並みだった――パリの徴税吏を父親に持ち、イエズス会ルイ＝ル＝グラン学院で人文科学と数学の教育を受けた。しかし学業を終えたあとは軍隊に入り、前線に出てスペインと戦った。ロザス包囲戦のとき敵の砲弾が落ちるところをよく見られるよう高台に登ったが、周りで砲弾が爆発している理由は自らが紫色の目立つケープをはおっているからであることに気づきもしていなかったという。この一件だけでも、彼がどのような海軍生活を送っていたかが窺えるだろう。退役してパリに帰還すると、科学アカデミーの思想家や行動家、それにインテリ道楽者仲間と交流するようになった。インテリたちはルイ＝ル＝グラン学院のもう一人の卒業生に魅せられていた。著名な歴史家であり哲学者のフランソワ＝マリー・アルエ、当時ヴォルテールという筆名で活躍していた人物である。一七三〇年、ラ・コンダミーヌは政府主催の宝くじの仕組みに抜け穴を見つけ、ヴォルテールなど友人たちと一緒にその穴を利用する計画を立てて大金を手にした。その年、財産家ラ・コンダミーヌはアカデミーの会員となった。ラ・コンダミーヌとピエール・ブーゲ――無謀な冒険家と几帳面な数学者――は似つかわしくないコンビだったが、彼らが親友になる運命にあることは、船上の多くの人の目にも明らかだった。

ポルテフェ号に乗った三人目のアカデミー会員は問題児だった。ブーゲやラ・コンダミーヌより若いルイ・ゴダンには彼らより豊富な人脈があったが、傲慢や虚栄心という欠点の持ち主でもあった。パリで生まれ、最高教育機関コレージュ・ド・フランスで天文学を学んだゴダンは、容姿と身長と高等法院弁護士の父親に恵まれていた。一本の論文も発表することなく、若干二一歳にしてアカデミーの準会員《アジュワン》になった。ひとたびアカデミーの門戸をくぐると、影響力という廊下を進み、『科学アカデミー略史』の編纂に携わるまでになった。一七二九年、二四歳でローズ・アンジェリーク・ル・モワンと結婚してセーヌ川左岸のソルボンヌ大学のそばで快適な生活を送り、間もなく息子と娘が生まれた。一七三〇年には、巧みに立ち回って『天体暦』の編集者という傑出した役割を手に入れることができた。これは毎年改訂される公的な天文暦で、図表や観測の手引きなどが満載された二〇〇ページほどから成る書物である。この種の書物としては世界で最も古く最も尊ばれており、編集者の名前は本の扉に大文字で示される。ゴダンが編集職を得たのと時を同じくして、王立科学アカデミーに所属する紳士《ムッシュ》たちの名前を並べた新たな章が追加された。一七三四年版が出版された一カ月後、ルイ・ゴダンは低いアジュワンからパンショネール・オーディネールへと出世した。そしてアカデミーに対して、地球の形を決定するための遠征隊を組織するという入念に準備した提案を行った。モールパはゴダンを責任者に任命した。しかしルイ・ゴダンは、パン屋《ブーランジェリー》の経営もできないような人間であり、ましてや世界初の国際科学遠征隊を率いることなど不可能な話だった。

三人のアカデミー会員と密接に協力して働くのは四人の専門家だった。最も経験豊富なのはジャン＝ジョセフ・ヴェルガンで、遠征隊の測量主任を務めることになる。地図作製法と天文学の教育を受けた熟練した測量技師のヴェルガンは、測量に用いる地図の作製を受け持つ。大西洋横断の経験があるのも役に立つだろう。一五年前にカリブ海まで航海し、カルタヘナ・デ・インディアスの調査と、ミシシッピ・デルタの調査に従事したのだ。フランスに帰国すると、建築士兼製図工としてトゥーロンの造船所に雇われた。一七三一年、ヴェルガンは再び海に出て、ギリシアの島々と北アフリカ沿岸をめぐる地中海の船旅をした。トリポリのような要衝の港や、イオニア海やエーゲ海の主要な停泊地を描いた大型の地図は、実用的な明快さの模範だった。三三歳のヴェルガンは、測量隊でも年長の部類である。彼の成熟と経験はプロジェクトにとって貴重な財産となるだろう。ほかの数人のメンバーと同じくヴェルガンも、測地測量はせいぜい二、三年で終わり、おそらくは報酬として恩給が与えられるだろうと考えていた。妻と二人の子どもは、彼の留守中トゥーロンにとどまる予定だ。

任務の進捗を絵で記録する仕事を与えられた専門家は、今回が初の新世界訪問となるジャン＝ルイ・ド・モランヴィル。二〇代後半の画家兼製図工の彼は、測量隊の絵や地図を描くため、妻をフランスに残して参加していた。

技術者を務めるのはセオドア・ユーゴーという時計職人だ。彼の役割は測量隊の多種多様な機器の維持管理と調整である。機器は、羅針盤や時計から温度計、気圧計、精巧な振り子など多岐にわたっている。振り子は地球の引力を測定するのに用いられる。ニュートンが正しいとしたら、赤道での引力はほかの場所より弱いはずだ。赤道地帯はふくらんでいるため、地球の中心からの距離がほかの場所よりも長いからだ。地上での測量に活躍する機器は、角度を測定する四分儀である。だが最もユーゴーの手を煩わせそうな機器は、天文観測に欠かせない一二フィート(約三・六メートル)の巨大な天頂儀だった。ユーゴーは器用で多才な職人で、金属の細かな細工に長けていたが、天文機器にはあまり慣れていなかったのである。

専門家集団のトリを務めるのはジョセフ・ド・ジュシュー。彼の家族はゴダンと親しく、ゴダンは植物学界と医学界で成功しているジュシュー家を尊敬していた。ジョセフの兄アントワーヌはパリ植物園の園長で、三巻から成る著書『植物学初歩(*Elements of Botany*)』(未邦訳)によってアカデミーの会員に選ばれていた。もう一人の兄ベルナールは医学を研究してパリ植物園での仕事を得、新たな植物分類法を開発していた。彼らの弟ジョセフは医学の博士号を持っていて、パリ大学で教鞭を執っていたとき南米に派遣されることになった。内向的で虚弱体質ではあるが、ジョセフ・ド・ジュシューは遠征隊の医師兼植物学者として働くことを期待されていた。

遠征隊に参加しているあと三人のフランス人は雑多な寄せ集めだった。ジャン゠バティスト・ゴダン・デ・ゾドネはルイ・ゴダンのいとこだ。二〇代になったばかりのジャン゠バティストは定職を持たずに遊び歩いていたとき、フランス中央部ののどかな田園地帯にあるシェール川沿いの邸宅から連れてこられた。役に立ちそうな測量経験をまったく持たない彼は、一般的な助手として測量隊に加わっていた。

ジャック・クープレ＝ヴィギエはルイ・ゴダンの友人の一人でアカデミーの会計係、ニコラス・クープレ・ド・タルトローの甥である。ジャックも素人だった。一七歳の彼は測量隊の最年少だが、先祖の功績によりポルテフェ号に乗船することになった。彼の祖父は天文学者カッシーニによるフランスの測量調査に参加しており、叔父のニコラスは南米で天文観測を行っていたのである。ゴダン・デ・ゾドネと同じく、彼も一般的な助手を務めることになる。

ジャン・セニエルグはジョセフ・ド・ジュシューの親友だ。ポルテフェ号が航海に出たとき、二人とも三〇歳になったばかりだった。セニエルグはポルテフェ号に乗船した動機を率直に明らかにしている。彼は金鉱を見つけ、私的医療を行って、金持ちになるつもりだ。独身であり、失うものは何もない。外科医をしているが、これは正式な資格を持つ医学者の友人ジョセフよりも階級の低い仕事である。それでも、治療や疼痛緩和の経験は赤道地帯で役に立つことが予想された。

測量隊には四人の召使いが加わっていたが、彼らの名前はわからない。公表される回顧録や報告書に身元や業績がほとんど記載されない、陰に隠れた四人組である。今後数年にわたって、測量隊にはそれ以外の召使い《ドメスティッキ》も加わったり交代したりし、地元の案内人、運搬人、水夫、ラバ追い、労働者が出入りすることになる。彼らがいなければ測量は成しえなかっただろう。

チームの主要メンバーのうち二人はポルテフェ号に乗船していなかった。スペインのペルー副王領に入るため、モールパは、フランスの測量隊はスペインの船舶交通にも多大な利益をもたらすと言ってスペインの海軍大臣ホセ・パティーニョを説得した。そしてスペインの協力を促すために、測量隊がペルー沿岸の主要地点の緯度と経度を測定すると申し出た。パティーニョが国王とインディアス枢機会議に相談した結果、申し出は認められたが、測量隊に〝二人の知的なスペイン人〟が加わることとの条件がつけられたのだった。

一カ月以上のあいだ、ポルテフェ号は揺られながら大西洋を進んだ。チーム内に最初のひびが入りはじめた。ルイ・ゴダンには他人との軋轢を生む性質がいくつかあったが、その一つは旅の同行者を見下す癖だった。特にこれを腹立たしく思ったのは外科医のジャン・セニエルグだ。のちにセニエルグは、ゴダンは「自らが大隊長に格上げされることを望んだ」と述べた。ほかのメンバーも同じように感じていた。ラ・コンダミーヌとブーゲは当初から協調していたため、ゴダンとの対立はなおいっそう激化した。ゴダンのリーダーシップに対する彼らの疑念は、ポルテフェ号で過ごす一日ごとに募っていった。

六月二〇日、グンカンドリがイカや魚を探して波の上を低く飛んでいるのが目撃された。そして二二日、太陽が東の水平線を赤く染めはじめたとき、海霧の中に山の姿が見えた。マルティニーク島だ。乗客たちは目に見えて安堵した。無事に大西洋を越えることができた。ここから先の航海は、単に島から島へと跳び移るようなものだ。ミーシャン船長はポルテフェ号を、島の先端を回って西岸に向けさせ、ポワント・デ・ネグレ岬を過ぎてフォール＝ロワイヤル湾に入らせた。海岸の要塞からずらりと並んで突き出した大砲の砲口の前で錨が下ろされる。貨物が降ろされ、必需品が積み込まれるあいだ、船は一〇日間停泊した。

科学者たちにとっては、再び地面に足を下ろして探索する絶好の機会だった。マルティニーク島は穢された楽園だった。先住カリブ人に美しい花で知られていた島だったが、一六三五年にフランスのアメリカ諸島会社に乗っ取られた。カリブ人は絶滅した。ポルテフェ号がフォール＝ロワイヤル湾の保護された停泊地に入ったときには、島の歩きやすい斜面は砂糖とコーヒーのプランテーションで覆い尽くされており、マルティニーク島は六万人の黒人奴隷を収容するカリブ海の牢獄になっていた。

三人のアカデミー会員は測定機器を持って駆け回り、プレー山に登って標高を計算し、フォール＝ロワイヤル湾の緯度と経度を測定した。製図士のヴェルガンは本領を発揮して湾の正確な図を描き、水深と危険な浅瀬の場所を記入して完成させた。ジョセフ・ド・ジュシューにとっては、マルティニーク島は植物の天国だった。汗でべとべとになりながら、珍しい植物や果物を探して坂道を歩いた。この島については、既に兄アントワーヌから多くのことを学んでいた。学者としてパリ植物園で働く兄は、植物に関する便利な情報源だったのだ。「熱帯気候でも快適に過ごせそうです」ジョセフは心躍らせてパリにいる兄に手紙を書いた。ジュシューは次の船でフランスに送る植物を選んだ。しかしある意味では、こうした科学的探索はすべて不必要なものだった。パリ植物園は既にそういう植物を保有していたし、フォール＝ロワイヤル湾の位置やプレー山の標高も知られていたからだ。とはいえ、ゴダン、ラ・コンダミーヌ、ブーゲ、ヴェルガン、ジュシューにとっては、はるかに過酷な土地で間もなく行う予定の現地調査に備えた格好の予行演習になった。

ポルテフェ号が出航する二日前、船上で不穏な死亡事件があった。フォール＝ロワイヤルで乗船した中に、スイスの軍曹がいた。彼は「丈夫な男性だった」とラ・コンダミーヌは記している。ところが彼は「一日も経たないうちに、この島でよく見られる〝マラディ・ド・シャム〟によって天に召された」。当時、シャム病、あるいは内出血により例外なく血が消化管にあふれることから〝黒吐病〟と呼ばれた病気は、フランスの植民者を運ぶ船によってカリブ海地域に持ち込まれたと考えられていた。ほどなくそれは黄熱病と呼ばれるようになる。蚊によってウィルスが広がる病気である。症状はインフルエンザと同じく頭痛、発熱、筋肉痛で、その後吐き気や嘔吐、黄疸、出血、痙攣、臓器不全と続く。生存率は五〇パーセント以下。この病気は南米では一般的だった。マルティニーク島以降、測量隊のメンバーは皆、蚊の一刺しが命にかかわるという立場に置かれることになる。

本来なら、ポルテフェ号はマルティニーク島からすんなり出発できたはずだった。ところがフランス人科学者たちは、ここでもミーシャン船長のスケジュールを乱してしまった。まずは、ゴダンが、測量隊の滞在中の費用をまかなうという名目でマルティニーク島の行政長官から金を引き出そうと試みた。次にラ・コンダミーヌが「激しい発熱」で倒れた。熱は猛烈な速さで彼の肉体を蝕んだ。のちに彼は、その症状からスイスの軍曹を襲ったのと「同じ病気に襲われたように思えた」と述べた。白目は黄色くなり、熱は高く、体じゅうが痛む。また航海に出られるような状況ではなかった。マルティニーク島に一人残される危険に直面した彼は、瀉血と催吐剤で体の中を洗い流すことに同意した。血を抜かれ、体内を空にしたラ・コンダミーヌは船に運ばれ、七月四日の夜、ポルテフェ号はフォール＝ロワイヤル湾を離れた。

マルティニーク島からの針路は直線になる予定だった。風向きがよければ、北西に針路を取ってカリブ海を渡り、イスパニョーラ島の西部を占める植民地サン＝ドマングに行き着くことができる。測量隊はそこでポルテフェ号を降り、南米大陸のスペイン領の港カルタヘナ・デ・インディアスへ向かう船に乗り換える予定だ。フォール＝ロワイヤル湾を出て四日後、ポルテフェ号は深い霧の中に入っていった。

ポルテフェ号がイスパニョーラ島沖の霧の中に消えた頃、流線型のスペイン軍艦二隻が南米の入り口、カルタヘナ・デ・インディアスの沖で歓迎の礼砲九発を受けていた。このヌエボ・コンキスタドール号とインセンディィオ号は、ポルテフェ号がロシュフォールを出てから一四日後、五月二六日にスペインのカディスから出航していた。古いフランス軍艦のふらふらした動きとは対照的に、スペインの軍艦はサラブレッドのごとく大西洋を横断していた。乗っているのは赤道測地測量隊に同伴する〝二人の知的なスペイン人〟だ。

ホルヘ・フアン・イ・サンタシリアとアントニオ・デ・ウジョーア・イ・デ・ラ・トーレ＝ギラルはどちらも海軍警備隊アカデミーを卒業している。アカデミーは、スペインの貴族から選ばれた若者が数学、天文学、航海術、三角法や水路学から地図作製法や銃器までにわたる関連学問を学ぶエリート機関である。二人とも軍隊では積極的に活動していた。ホルヘ・フアンはスペインの地中海艦隊に加わって放浪する海賊と戦い、オランをオスマン帝国から奪う小艦隊にも所属した。ウジョーアはガリオン船の船隊で大西洋を横断する二年間の航海に参加して、カリブ海周辺のスペイン領の主要な港を訪れていた。測量隊への選出は迅速な昇進を意味した。海軍警備隊の司令官は、「フランスの学者たちと完璧に調和した良好な関係を結べるのみならず、探検の中で必要となるであろう実験や業務を彼らと同等に行うことのできる資質を持つ、二人の人物」を選ぶよう指示されていた。二人の海軍警備隊員に任務に見合った権威を持たせるため、彼らは大尉に昇格させられた。ホルヘ・フアンは二二歳、ウジョーアは一九歳だった。

砲口からの煙がカルタヘナ湾を漂うのを見ながら、二人の大尉は訝っていた。アンデス山脈への遠征は海軍警備隊員にとって通常の任務ではない。彼らは山ではなく海で通用するための訓練を受けているのだ。それでも、この奇妙な任務がスペインに――そして彼ら自身にも――見返りをもたらすことになるのなら、しっかり協力して働かねばならない。二人の生い立ちはまったく異なっているが、逆にそれが有利に働くかもしれない。ホルヘ・フアンはアリカンテの海岸地方で生まれ、三歳のとき父親に死なれて、二人の叔父によってイエズス会の教育を受けさせられた。そして一二歳で海を渡ってマルタ島に送られ、エルサレムの聖ヨハネ修道会に入会した。一四歳でアラゴン州アリアガ司令官の肩書を与えられ、生涯の禁欲が求められるマルタ騎士団の騎士として島を離れた。体格はがっしりしていて身長は平均的、彼をよく知る人には「感じがよく穏やかな顔つき」をしていると記憶されている。「質素な食事をし」、気質は「クリスチャンの哲学者のもの」で、「生まれで人を判断することはない」。志は高く、特に自分自身に高い期待を抱いている。警備隊アカデミーでのあだ名はユークリッド［古代ギリシアの数学者エウクレイデスのこと］だった。

ホルへ・ファンとウジョーアはこの航海のため二手に分かれていた。可能なときは常にそのようにするつもりだ。仮に一人が死んでも、もう一人が任務を続けられる。年長で訓練も多く受けているホルへ・ファンは、二隻のうち大きいほうのヌエボ・コンキスタドール号に乗った。この六四砲軍艦は、新たなペルーの副王たるビラガルシア・デ・アローサ侯爵、ホセ・アントニオ・デ・メンドーサ・カーマニョー・イ・ソトマイヨールをカルタヘナ・デ・インディアスまで送り届ける任務を課せられていた。航海中にホルへ・ファンがビラガルシアと築いた関係はきわめて重要な意味を持つことが、のちに明らかになる。

ホルへ・ファンが副王と夕食をとっているとき、ウジョーアは五〇砲艦インセンディオ号の狭い甲板で波に揺られていた。熱意あふれる一九歳の青年は、磁気偏角（真北と方位磁針が示す磁北とのずれ）の変動の記録をつけるのに忙しくしていた。貴族であるウジョーアの父親ベルナルド・デ・ウジョーアは著作物のある経済学者で、若きアントニオはにぎやかな国際都市セビリアで育った。二〇〇年前にマゼランによる初の世界一周旅行の生存者の帰還を歓迎した、グアダルキビール川沿いの港町である。ウジョーアは一三歳でカディスの海軍警備隊アカデミーに送り込まれたが、入学を二年間遅らせ、自己資金でカリブ海の船旅に出た。一七三二年に帰国し、翌年の一一月に海軍警備隊に入隊を許されると、すぐさまナポリを増援するための船隊による航海に出た。一七三四年末にスペインに戻ったとき、赤道測地測量隊の準備は既に進められていた。正式な訓練の経験はホルへ・ファンよりも少なかったものの、大西洋を横断したカリブ海までの長旅の経験により、計画中の科学的大冒険への備えは充分できていた。

海軍大臣パティーニョから二人の大尉に下された命令は、フランス人と協力して緯度一度の長さを測定するだけではなかった。スペインには、それとは別に独自の計画があった。ホルヘ・フアンとウジョーアは、植民地の港や土地の調査を行うよう指示されていた。その任務には、天文観測、地図作製、博物研究、都市および文化的地理などによりさまざまな地点の場所を確定し、防衛の状況を調べることが含まれている。特に、彼らはスペインの植民地行政府内部の腐敗について報告することになっていた。こうした内容はフランスの学者や植民地行政府に知られていない〝秘密文書〟に蓄積される。ホルヘ・〝ユークリッド〟・フアンが先導して高度の観測や数学的計算に集中し、ウジョーアは地図作製や文章による説明を受け持つ。

カルタヘナ・デ・インディアスに上陸したホルヘ・フアンとウジョーアは、行政長官から、「フランスの学者はまだ到着しておらず、彼らに関するなんの情報もない」ことを知らされた。この計画の停滞に、二人は不安を覚えた。フランスとカリブ海のあいだのどこかで、フランス人を乗せた船は消えてしまったのだ。「この情報に接し」ウジョーアは振り返った。「彼らを待つようにという指示に従う義務があるため、我々は待ち時間を有効に使うことで同意した」

とりわけウジョーアにとって、これは自らの調査能力を試す絶好の機会だった。一〇代の頃の冒険でガリオン船に乗ってカルタヘナ・デ・インディアスを訪れたことがある彼は、本当なら、この都市の有名な軍隊技師フアン・エレーラ・イ・ソトマイヨールをよく知っていた——会ったことすらある――はずだった。ところが二人の若い大尉にとって残念なことに、エレーラ准将は三年前に亡くなっていた。それでも、彼が残した足跡は街や湾の至るところで見ることができた。彼が作った防衛施設に、要塞に、砲台に。エレーラは一六八一年にアメリカに来て、五〇年以上をかけて、ブエノスアイレスの刑務所の守備隊大尉からパナマやポルトベロやカルタヘナ・デ・インディアスの防衛施設を修理・改善する技師へと出世した。マグダレナ川を航行しやすくするためオランダ式水門を取り入れる、新世界初の工業学校である数学・築城術アカデミーを創立するなど、さまざまな新しい試みを行った。

若き二人の大尉はすぐさま行動を起こした。フランス人に関する知らせを待ちながら、アメリカにおけるスペインの拠点の全般的な調査を行おう。カルタヘナ・デ・インディアスは一五三三年、この湾を戦略的な錨地だと考えたスペインの征服者《コンキスタドール》、ペドロ・デ・エレディアが築いた都市だ。海岸に点在する村々に住んでいた先住民は、殺されるか内陸に追いやられるかした。南米北岸で最良の自然港として、カルタヘナは〝新世界〟の覇権を争う国々の直接の目標となった。都市建設の一一年後、カルタヘナはフランスに襲われ、略奪された。一五八五年、イギリスの異端の海賊サー・フランシス・ドレークとその荒々しい仲間が、再びカルタヘナを襲い、火を放って略奪した。一七三〇年代には、カルタヘナはいくつもの要塞や砲台で防御を固めていたが、イギリスがまたしても水平線の彼方に現れたため、油断はできなくなっていた。

彼らの即席の調査を妨害するものが一つあった。スペインを発つ前、ホルヘ・フアンとウジョーアはパリとロンドンから最新の機器を送るよう注文していたのに、それはヌエボ・コンキスタドール号とインセンディオ号の出港の日までに届かなかったのだ。機器がなければ、調査も観測もできない。幸い、彼らは長官から、エレーラ准将の機器や、図面や地図の一部が、まだカルタヘナに残されていることを教えられた。それは非常に幸運だった。ウジョーアはエレーラの当時の制作物に「必要な補強や変更」を加えた。とはいえ、作業は困難をきわめた。カルタヘナとその湾は一〇〇平方マイル（約二五〇平方キロメートル）以上にわたって広がっている。来る日も来る日も、ホルヘ・ファンとウジョーアは測定し、観測した。エレーラの地図の空白は埋められ、多くの地点の位置が調整された。ペンとインクできれいに清書された完成図にはウジョーアとエレーラの名前が載せられ、異国的な巻軸装飾《カルトゥーシュ》で縁取りされている。そのカルトゥーシュでは、弓と矢筒と槍を持った二人の先住民戦士がタイトルを記した銘にのんびりもたれていた。地図には修正したカルタヘナの緯度と経度も書かれていた。地図は小さなテーブルくらいの大きさだった。使いやすくするため、そして地図を編纂する際の目安として、ウジョーアは二〇〇〇ピエ・ド・ラン（約六〇〇メートル）間隔の薄い方眼を描き入れていた。地図の縮尺は二万五〇〇〇分の一で、充分に細かいので建物なども表せる。陸上では、目立った丘、緑地、川、道路に印をつけ、スペインの要塞と砲台の輪郭は赤で示した。都市自体はピンクで表され、壁や砦で囲まれている。土地図と海図の両方の役割を強調するため、ウジョーアは注意深く点線で浅瀬の位置を記し、水深測量を行った湾内のさまざまな地点の深さを尋で表したものを小さな数字で示した。完成した地図は偉大なるエレーラを追悼するものであり、一九歳のウジョーアの能力を証明するものでもあった。しかし、それはスペイン人に見せるためだけのものだ。敵の手に渡ったならば、この新しい「カルタヘナ・デ・インディアス湾岸都市地図」は非常に詳細な侵略用地図となるだろう。

ポルテフェ号は三日間、サン＝ドマングの霧に包まれた海岸沿いを用心して進んだ。やがて霧が晴れ、ミーシャン船長は島の南側にあるフォール・サン・ルイの錨地に船を入れることができた。測量隊が求める必需品はすべて、カリブ海地域で最も重要なフランス植民地であるサン＝ドマングで調達できるだろう。フランスの領地で必要なものを買い揃える最後の機会であり、測量隊が祖国に最後のお別れをする舞台でもある。サン＝ドマングの行政長官ファイエ侯爵は、学者たち一行の今後の旅を少しでも容易にするべく全力を尽くすよう指示を受けていた。一方の学者たちは、彼に迷惑をかけることに全力を尽くしているかのようだった。

ゴダンとラ・コンダミーヌは測量隊とともに船内にとどまるのではなく、島内を歩いて縦断し、サン＝ドマング植民地の首都プティ＝ゴアーブの港でポルテフェ号と落ち合うことにした。それは冒険だが、科学的研究という要素もあった。彼ら二人は、この徒歩の旅を天文観測の機会として利用するつもりだったのだ。今いる場所からプティ＝ゴアーブまでは直線距離だと二〇マイル（約三二キロメートル）にすぎないにもかかわらず、ゴダンとラ・コンダミーヌがプティ＝ゴアーブにまた姿を現すには八日を要した。ゴダンよりも経験豊富なリーダーであれば、隊を分散させないことにしていただろう。

プティ＝ゴアーブで、測量隊はポルテフェ号に別れを告げた。船がこのままカルタヘナ・デ・インディアスまで行ってくれればよかったのだが、ポルテフェ号は八月一一日にルイブールへ向けて発つことになっていたのである。パリのモールパに急かされていたとはいえ、ファイエは測量隊とその荷物を載せられるほど大きな代わりの船を見つけられずにいた。プティ＝ゴアーブに船は多数停泊していたものの、どれも小さすぎた。木箱、トランク、箱におさまらない荷物は、ポルテフェ号から埠頭へと苦労して運び出された。

測量隊は三カ月間足止めされた。滞在費用はサン＝ドマングが無制限に負担した。のちにファイエはパリのモールパに手紙で、測量隊の滞在のためにこの植民地は一五万リーブルを支出したと苦情を述べた。立ち往生するのに、ここはそれほど悪い場所ではなかった。測量隊のリーダーは解放奴隷バスティエンヌ・ジョセフが営む娼館での現地活動にいそしんだ。娼婦の一人、グザンという名前だけが知られている女性がゴダンと特に親しくなり、ゴダンは測量隊の画家モランヴィルに、腕を振るってグザンとバスティエンヌの似顔絵を描くよう求めた。島を離れる前、ゴダンは測量隊の資金三〇〇〇リーブルをグザンに贈るダイヤモンドに費やした。その浪費を見た陰気な医師ジュシューは、測量隊のリーダーが「しばらくのあいだ天文学をそっちのけにして、もっと熱のこもった用件にかかりきりになった」と述べた。

娼館〈シェ・ジョセフ〉における高価な営みの合間に、ルイ・ゴダンは振り子の実験を行った。ラ・

コンダミーヌとブーゲも実験に参加した。発表用の報告書がパリに送られ、科学者たちは効果のある取り組みを行っているとアカデミーを安心させた。リーダーの放埒なふるまいに心を痛め、遠征における自らの役割について不安を覚えていたジュシューは、島で植物の種を収集したり生物種を記録したりして忙しく過ごした。マルティニーク島でしたように、ヴェルガンはここでも地図を作製した。やがてチームの数名が発熱し、ブーゲの召使いが死んだ。遠征における最初の犠牲者である。ラ・コンダミーヌは、その喪失は「国王の費用を用いて我々が自由に使える黒人奴隷たちによって充分補われた」と記した。プティ＝ゴアーブには当時二〇〇〇人の奴隷がいた。ゴダンとブーゲとラ・コンダミーヌは南米まで同行させる三人の男性を選んで買った。ブーゲはグランジエールという名の新しい召使いを選んだ。

サン＝ドマングでは、湿度、任務への集中を妨害する事件、虫によって、物事はゆっくり進んでいた。それに対してパリではさまざまな出来事が急速に動いていた。アカデミーのカリスマ的会員でラ・コンダミーヌの友人、ピエール＝ルイ・モロー・ド・モーペルテュイが、赤道測地測量隊を日陰に押しのけかねない遠征を企画していたのだ。モーペルテュイはアカデミーのスター科学者の一人だった。ゴダン、ルネ・アントワーヌ・フェルショー・ド・レオミュール、ジャック・カッシーニと同じく、彼も上級パンショネール・オーディネールの一人だった。ニュートン派の数学者だが、地球の形に対する関心は学問的なものにとどまっていなかった。赤道測地測量隊の出発に刺激を受けたモーペルテュイはアカデミー内部のニュートン派の仲間を説得して、フランスによる第二の測量隊への支持を取りつけた。モーペルテュイ自身が率いるこの測量隊の目的は、できる限り北極点に近いところで緯度一度の長さを測定することだ。モーペルテュイの念頭にあったのは、ボスニア湾からラップランドの森林を抜けて北極圏まで北西に向かう長い川の流域である。北極圏での緯度の数字と赤道での数字があれば、地球は物理的に極限に近いところまで測定され、「フランスは間違いなく科学史における最も偉大な業績をあげることになる」とモーペルテュイは論じた。フランスにとって北極圏は赤道よりはるかに行きやすく、モーペルテュイはゴダンの隊が南米での測量を終える前に地球の形を決める数字を持ってルーブル宮殿に戻ってこられることをほぼ確信していた。海軍大臣モールパも北極測量隊を支持し、九月の初めには、アカデミーは国王ルイ一五世も了承したことを知った。九月八日、ゴダンの隊がサン＝ドマングで時間を浪費しているとき、モーペルテュイはペンを手に取り、ラ・コンダミーヌに宛てた手紙を書きはじめた。「北方への航海が行われることを知ったら、君はさぞ驚くだろうね」。手紙が測量隊に届くには一年以上かかるだろう。それまで、今サン＝ドマングにいる人間は誰一人として、アカデミーとフランス政府が第二の測量隊を送り出したことを知らないのだ。

九月三〇日、二本マストのブリガンティン型帆船がプティ＝ゴアーブに入港し、フランスの科学者たちにとって南米への道が開けた。

ヴォトゥール号もロシュフォールから航行していた。ポルテフェ号よりはるかに小型で、大砲は一二門、乗客と貨物の収容能力も限られている。しかし船長のエリクール伯爵ルイ・デュ・トゥローセット大尉は、測量隊をカルタヘナ・デ・インディアスまで乗せていくことに同意した。測量隊が木箱やトランクを再び集めて荷物を詰め直し、南米で必要な物資を揃えるのには、四週間を要した。サン＝ドマングで調達した必需品の中には、測量調査中に寝泊まりするための野外用テントがあった。ロシュフォールの海軍監督官は遠征隊に〝キャノニエール〟三張を用意していた。丸い形の無骨な軍隊用テントで、成形した粗布を支柱の上にかけて作るものだ。だが、それよりもずっと大きな将校用〝マルキーズ〟も一張装備されていた。これは長方形で、背の高い横壁があり、悪天候から守れるよう防水シートが二重についている。ゴダンは将校用マルキーズを自分のものにしていたので、ラ・コンダミーヌとブーゲは兵卒用キャノニエールで湿っぽい地面の上に腹這いになるしかない。この不都合は国の費用で解決できると考えたラ・コンダミーヌは、ゴダンのマルキーズをプティ＝ゴアーブの工房に持っていき、それを見本にして二重構造の大きなテントを二張作らせた。一張は自分用、もう一張はブーゲ用だ。さらに小型テントもいくつか購入した。一方エリクールは、下部船倉の密輸品を隠すのに忙しくしていた。

密輸は狡猾な船乗りによる単なる私的な企てではなかった。エリクールの密輸はサン＝ドマングの行政長官ファイエとの共謀によるものだ。ファイエはモールパからの「スペインと商取引を行うか、その基礎を築くことに努める」ようにという指令に応じて行動していた。モールパはファイエに、密輸を管理する監督《オム・ド・テート》を置くようにと命じていた。それは危険な陰謀だった。その前の年、モールパはスペインの海軍大臣ホセ・パティーニョに、フランスは商品をアメリカに密輸してスペインの交易を妨害するような試みは行わないと請け合っていたのである。ヴォトゥール号の船倉の本当の中身がスペインの役人に知られたら、測量の任務は頓挫するだろう。

一〇月二一日、エリクールは船員を揚げ索に集め、カリブ海を越えた三〇〇マイル（約五〇〇キロメートル）先のカルタヘナ・デ・インディアスに向けてヴォトゥール号の舵を切った。

測量隊のメンバーのほとんどは乾いた大地での楽な暮らしに慣れてしまっていたため、二週間の船旅は長かった。しかし、逆境に屈することのないラ・コンダミーヌにとっては、退屈の中にも意外な気晴らしがあった。ヴォトゥール号の二等航海士を務めているのは、パリで知り合った向上心あふれる詩人だったのだ。一年半前、ラ・コンダミーヌはヴォルテールの邸宅で、そのジャン＝バティスト・シネッティと夕食をともにしていた。詩人との思わぬ再会は、アメリカ冒険のロマンをかきたてた。彼は感動してヴォルテールに手紙を書いた。

> サン＝ドマングに停泊していた、我々をスペイン領の海岸まで連れていってくれる武装船の二等航海士は誰だと思う？（中略）誰あろう、あの頬の垂れたムッシュ・シネッティだよ。彼が島々への旅に出ただけでもすごいことだと思っているなら、彼が現代のアルゴナウタイのイアソン［ギリシア神話でコルキスの金羊毛を求めてアルゴー船で航海をした英雄たちアルゴナウタイをイアソンが率いたとされる］となる運命にあるなど、君は予想だにしなかっただろうね。

ラ・コンダミーヌはカルタヘナ・デ・インディアスへの旅について、退屈な船旅が名高いパリっ子の友人の劇や詩によって楽しくなったと記している。「『ラ・アンリエード（*La Henriade*）』（未邦訳）、『ザイール』（『古典劇大系　9　佛蘭西篇（3）』収録、近代社、岡野かをる訳、一九二五年）、『アデレード（*Adélaïde*）』（未邦訳）の抜粋の引用は、退屈な日々に楽しみをもたらす唯一の方法だった」

一一月一六日の朝、カルタヘナ・デ・インディアスに、「フランスの武装船」が夜のあいだに湾の反対側、ボカチカの砲台の下に投錨したとの連絡が届いた。ホルヘ・フアンとウジョーアは「長く待ちつづけた紳士たち」に会うため船でヴォトゥール号に向かった。

双方とも、この出会いには驚かされた。フランス人科学者に紹介されたホルヘ・フアンとウジョーアは、五人しか名前を教えられていなかったのに隊が実際には倍の一〇人で構成されており、加えて召使いや奴隷もいることを知った。しかも、当初のリストに載っていた五人のうち三人はメンバーに加わっておらず、リストと合致している人物はゴダンとラ・コンダミーヌだけだった。フランスからの人数が圧倒的に多いため、スペイン人大尉二人は用心してかからねばならないだろう。一方、ラ・コンダミーヌは新たな仲間に失望していた。「スペインで物事はこのように始まるのだ」彼はヴォルテールに書き送っている。「物理学への愛を装身具のように身にまとった者たちとともに」。ジュシューはもっと優しかった。この感受性の鋭い医師は、ウジョーアとホルヘ・フアンを「愛想のいい紳士たちで、非常に思いやりがあり、とても社交的で、家柄もよく、数学の知識が豊富で、フランス語を話すので意志疎通がしやすい」と考えた。

フランス人の到着を長期間待っていたホルヘ・ファンとウジョーアは、内心では早くキトと赤道へ行きたくて苛立っていた。しかし測量隊は一人のリーダーではまとめきれない規模にふくらんでいる。一〇人のフランス人と二人のスペイン人大尉、それに付き添う一四人ものドメスティッキ。八日間、この雑多な集団はカルタヘナ・デ・インディアスをうろうろと動き回った。

測量隊が南米の未開の地に向かうのを阻む大きな問題が二つあった。一つ目は慢性的な資金不足だ。サン＝ドマングでの長期滞在とゴダンの見境ない出費により、測量隊の資金はたった九〇〇〇リーブルにまで減少していた。ゴダンはフランスの銀行カソーボン・べヒック&カンパニーのカルタヘナ・デ・インディアス駐在員と会った。この銀行はカディスで銀の密輸を行って大きな成功をおさめている企業の一つで、モールパはここに四〇〇〇ペソ相当の信用枠を設定していた。それにより、ゴダンは当面測量隊が活動を続けられるだけの資金を確保した。ホルヘ・ファンとウジョーアは滞った支払いがなされたことに安堵した。もう一つの問題は地理的なものだった。

「我々の目的は赤道へ可能な限り迅速に行くことであるため」ウジョーアは記している。「残る問題はキトへの最も好都合で迅速なルートを決定することである」。測量隊が目指す都市キトははるか南、アンデス山脈沿いにある。四〇〇リーグ（約二五〇〇キロメートル）ほどの困難で時には危険な陸上の旅は、少なくとも四カ月はかかるだろう。もう一つの選択肢は海と陸を通る複雑な迂回路をたどることだ。カルタヘナ・デ・インディアスからカリブ海沿岸を通ってポルトベロ（パナマ地峡が最も狭いところ）で投錨し、短い陸上縦断の旅で太平洋岸の都市パナマへ向かい、海岸線を南に向かってグアヤキルまで運んでくれる船を見つけ、グアヤキルで下船して川船とラバで熱帯雨林と山を越えて一〇〇マイル（約一六〇キロメートル）以上内陸にあるキトまで行く。どちらにするか話し合っているあいだに雨期が始まった。アンデスの山道は泥だらけだし、川は雨水であふれているだろう。

ラ・コンダミーヌは陸上ルートに反対だった。集団は二六人という制御不能な数にふくれ上がっており、その大半は船上や港で何カ月も過ごしたため体力的に衰えているので、少なくとも同じくらいの数の案内人や運搬人やラバ追いの同行が必要となる。五〇人ほどが荷物を積んだ一〇〇頭ほどのラマを連れてアンデス山脈を徒歩で行けば、動きは遅く、無秩序になるだろう。しかも、とラ・コンダミーヌは指摘した。船倉で運ぶため箱に詰めた荷物を、ラバに積めるよう荷ほどきして梱包し直さねばならない。組み立てた形で運んできた大きく壊れやすい機器は分解する必要が生じる。長い陸上ルートを執拗に要求したのは名前が不明の〝利害関係者〟だったが、ラ・コンダミーヌは回想録の中でその身元を明らかにしていない。ラ・コンダミーヌには、太平洋ルートを取るもう一つの理由があった。彼はブーゲとともに、アンデスの雨期による困難を利用して、グアヤキルまでの船旅の途中でいったん止まり、赤道が太平洋岸と交わる場所で現地調査や観測を行うことを目論んでいたのだ。測量のための長さ二〇〇マイル（約三二〇キロメートル）もの三角鎖を設定する海岸沿いの地の候補を選ぶためにも、赤道付近で下調べをしておきたい。ラ・コンダミーヌとブーゲが議論に勝ち、ヴォトゥール号でパナマ地峡まで航海することが決定した。

出航に向けて最後の準備が行われた。ヴォトゥール号は食料や水を積み込んだ。ポルトベロまでの短い航海中の安全を確保するため、プティ＝ゴアーブの駐屯軍から二〇名のスイス人兵士が派遣されて乗船した。

一一月二四日、赤道測地測量隊は大西洋での最後の航海のために集合した。科学の物語は新たな一ページを開こうとしている。世界初の国際科学遠征隊の全参加者が集まったのだ。その日カルタヘナ・デ・インディアスの大きな湾に停泊した塩まみれのブリガンティン型帆船の甲板に集まった二つの国からの一二人を心理分析にかけたなら、彼らは完全に機能不全のチームだと判定されただろう。〝啓蒙時代のばらばらの一二人〟は、前例のない冒険の旅に出ようとしていた。

朝の弱い風を受け、ヴォトゥール号の巻き上げ装置《キャプスタン》はギーギーときしんだ。錨が水面に現れ、木製の船首にぶつかる。操舵手は浅瀬のあいだを抜けて、砲台に据えられた無音の大砲が並ぶボカチカの狭い入り江に船を向かわせた。帆布が張られ、帆桁が調節される。甲板は海原のうねりに合わせて上下に揺れはじめた。ピエール・ブーゲは胸のむかつきについて考えまいとした。

カルタヘナ・デ・インディアスからポルトベロまでの西への航海は、まっすぐ沿岸を進むだけのはずだった。測量隊はそこで下船し、パナマ地峡を縦断して太平洋に向かう予定だ。ところが気象状況は厳しく、北東から吹きつける強風でカリブ海は荒れていた。ヴォトゥール号は五日間、高波に揉まれた。

一一月二九日午後五時、〝シップ・ポイント〟と呼ばれる岬の輪郭が水平船上に見え、一行をほっとさせた。ところが今の風は南から吹いているため、ヴォトゥール号の船員は狭い入り江に向けて船を行ったり来たりさせねばならなかった。やがて帆は垂れ、航跡に波は立たなくなった。陸からの風がかすかに吹きつける。ボートが水面に下ろされ、船員たちは前屈みになって櫓を漕ぎ、港の入り口を守る〝鉄の城《カースル・トードー・フィエーロ》〟の高い塔のほうへとヴォトゥール号を曳いていった。錨が船を支える中、荷物や機器が甲板に積み上げられ、測量隊は上陸の準備をした。サン＝ドマングとカルタヘナ・デ・インディアスでかなり遅滞したため、今度の港ではこれ以上時間と金を無駄にするわけにいかない。しかも、ポルトベロは最悪の町だった。

一五〇二年、クリストファー・コロンブスはこの風雨から守られた深い入り江を好都合な停泊地として選び、〝美しい港〟を意味するポルト・ベーリョと名づけた。ところが実際には、ここは最低の地獄だった。ひどい暑さ、激しい嵐、密集して生い茂る木々のせいで、毒虫だらけのじめじめした気候が生まれていた。あらゆる船の船員が病に倒れた。ヴォトゥール号のフランス人船員たちは、ここを〝スペイン人の墓《トンボ・デ・エスパニョール》〟と呼んでいた。ポルトベロでは、用心のため妊娠した女性を地峡の西の沿岸にある比較的安全なパナマへ避難させていた。船やはしけに荷物の積み下ろしをしたり、町の泥道で荷物を山と積んだ木製のソリを引っ張ったりする奴隷にとって、蒸し暑さは耐えがたいものだった。ブランデーを飲みすぎる習慣は脱水症状を引き起こして死者を増やした。九年前、イギリスの艦隊はポルトベロの定期的な貿易見本市でスペインの財宝を横取りしようと試みたが、兵の半数を病気で失ったため作戦は中止を余儀なくされた。測量隊の医師ジュシューに言わせると、ポルトベロは「世界一醜く不健康な場所」だった。しかし大西洋と太平洋を分ける狭い陸地を縦断する人と荷物にとって、ポルトベロは海からの上陸地点であり、ここには立ち寄らざるをえない。

ポルトベロからパナマまでは直線距離だとほんの四〇マイル（約六四キロメートル）だが、二箇所を結ぶ縦断路は「世界でも最悪の部類に属する」ことをラ・コンダミーヌは知っていた。川船でチャグレス川をさかのぼるルートはそこまで困難でなく、川船を降りてからは一日歩けば太平洋に出られる。科学機器の木箱多数、書物のトランク二一個、フランス産の酒九樽、火薬二二五ポンド（約一〇〇キログラム）、テント二八張、服とかつら用髪粉、密輸品を探したポルトベロの行政長官が記録した「アンダルシア産タバコ、（中略）そのほか細々したもの」などは、浅瀬用の平底船《チャタ》に載せ、その後は運搬人が運べるようにしておかねばならない。ゴダンはパナマの司法院《アウディエンシア》［スペイン植民領で司法・立法・行政を司る王室機関］長官ディオニシオ・マルティネス・デ・ラ・ベガに緊急の援助要望書を送り、スペイン国王フェリペ五世からの指示書を同封した。スペインも測量隊に関心を持っているとホルヘ・フアンとウジョーアが証言したため、長官からは、ウジョーアによれば「充分に満足できる」返答が迅速に届いたという。長官はボートを送ると言ってきた。

しかし、測量隊はポルトベロから動けずにいた。一日ごとに時間と金がなくなっていく。カルタヘナからの荒海の航海中に体調を崩したジュシューは、なんとか回復していた。「彼は」とラ・コンダミーヌは記している。「スペインの艦隊がしばしば船員の三分の一を、時には半分をも失う地において自らの健康を回復させることにより、医師としての力量を証明した」。ところが製図工のモランヴィルが病気になり、ラ・コンダミーヌとウジョーアはサソリに刺された。

厳しい条件の中でも、測量隊の主要メンバーは訪問中の科学者としての役割を果たそうと努めた。ゴダンとブーゲは泊まっている宿の壁に振り子を取りつけ、地球の引力を測定しようとした（ラ・

コンダミーヌは、自分がこうした観測に参加できなかったのは仲間の科学者二人より条件の悪い宿で寝泊まりしていたからだと不平を述べた）。ヴェルガンとウジョーアは以前の航海でポルトベロを知っていたため、時間を有効に使うことができた。ヴェルガンは長官の承認を得て港と防衛施設の地図を編纂し、ウジョーアは強いられた滞在を利用してスペイン国王の興味を引く情報をノートに書き留めた。ホルヘ・フアンとともに、港の大きさ、潮の干満、風、錨を下ろす海底の状態（「白亜と砂が混じった粘土質の泥」）、防御能力などを観察して記録した。北極星や、子午線から見た太陽の角度（方位角）を観測して、磁気偏角を東へ八度四分と計測した。レオミュール温度計で気温を測り、港入り口の高台における雲の密度と動きを観測して局地的暴風雨を予報する方法を記した。ポルトベロの不愉快な天候のせいで、連れてきた雌鶏は卵を産まなくなり、パナマからの畜牛は体重が減少して食用に適さなくなった、という話を「ある知的な人々」から聞いた。そして港をうろつく野生動物について大量の覚書を作成した——夜中に山の森から下りてきて家畜や幼い子どもを奪っていくトラのような動物、雨のあと大量に現れて泥の地面を足の踏み場もないほど覆い尽くすオオヒキガエル、致命的な毒を持つヘビ。ポルトベロに棲息する最も奇妙な生き物は〝俊敏なピーター〟と呼ばれていた。「きわめて緩慢な」動物には皮肉なニックネームである。ウジョーアはその動物について、「醜悪な外見の（中略）中型のサル」と表現している。たまに動くときは「非常に哀愁を帯びていると同時に非常に不愉快な声で鳴くので、哀れみとともに嫌悪感を催させる」。彼が出合ったのはノドチャミユビナマケモノだった。

測量隊がポルトベロに到着して三週間後、二〇人の黒人奴隷がチャタを漕いで港に入ってきた。もう一隻のチャタがあとに続く。ヨーロッパ人たちはすぐさま行動を開始した。「彼らの到着後ただちに」ウジョーアは記した。「我々はフランス人紳士たちと我々自身の機器と荷物を積み込み、一七三五年一二月二二日にポルト・ベーリョを出た」

沿岸の航海は厳しいものだった。乗客たちは、各ボートの船尾にある当座しのぎの船室に入った。「頭の高さの木の柱が支える天幕のようなものだった」とウジョーアは振り返った。荷物は獣皮でしぶきや雨から守られた。風が陸に向かっているため、重い荷物を積み込んだ二隻のチャタはポルトベロの港から櫓で漕ぎ出さねばならなかった。漕ぎ手は背中を丸め、操舵手の掛け声に合わせて櫓を動かす。午前九時には岬を過ぎ、帆を張って「新たな強風」と戦った。扱いにくい船は白波をかき分けてゆっくりと西に進み、午後四時には無事サンロレンソ砦の砲台を仰ぎ見るチャグレス川の河口に入った。操舵手は二隻のチャタを砦と反対側の砂岸、税関事務所の前に乗り上げさせ、一行はそこで一夜を過ごした。翌朝、船は上流へと向かった。

ヨーロッパを離れて以来、彼らの乗る船はどんどん小さくなっている。航行するのは大洋から狭い海、河口、そして今は川。チャグレス川は暗い森に挟まれて内陸に向かって蛇行する、黒っぽい水の川だ。水辺にはワニが潜んでいる。ラ・コンダミーヌとヴェルガンは川の地図を作製した。ウジョーアは姿が見えたり声が聞こえたりした生物の正体を見きわめながらノートに書き留めていった。「画家のどれほど豊かな想像力でも、ここで自然という鉛筆によって描かれた辺地の風景の壮大さに匹敵するものは生み出せまい。（中略）群れを成して木から木へ飛び移るサル、（中略）高貴な姿の野生のクジャク、キジバト、サギ、（中略）……パイナップルの美しさ、大きさ、味、香りはほかのどんな国のものより優れている」。進むに従い、川はどんどん狭くなり、流れは速くなる。蒸し暑い太陽の下で重い木の櫓を漕ぐのは大変で、漕ぎ手の力は弱まっていった。一二月二四日、彼らは重労働に耐えられなくなり、長い竿でボートを進ませることにした。障害物は多くあった。途方もない太さの倒木が流れを遮り、船を転覆させようと待ち構える。うだるような暑さの中で振動が感じられたら、急流が近いということだ。そんなとき奴隷たちはいったん船を降り、激しい流れにさからって船を引っ張った。さらに三日間、船はヘビのようにうねるチャグレス川をさかのぼっていった。一二月二七日午前一一時、一行はクルーセスというぬかるんだ河川港に行き着いた。

クルーセスの税関事務所は、その地の市長兼行政官《アルカルデ》の家でもあった。測量隊はほどなく、アルカルデという存在は必要不可欠な味方になりうることを知る。クルーセスのアルカルデは自宅で旅人たちをもてなし、隊員は一日休息したあと、パナマまでの徒歩による短い縦断の旅のため荷物や機器の山の横に集合した。一二月二九日午前一一時半、荷物を積んだラバの長い列はクルーセスを出発し、踏みならされた道を通って、大西洋と太平洋を分ける山岳地帯の尾根を越えた。ラ・コンダミーヌはコンキスタドールの時代に思いを馳せた。「これらの山々の頂上から」彼は記している。「我々は初めて南の海［太平洋のこと］とパナマ湾を目にした。新世界でもきわめて有名な湾である」。その夜六時四五分、彼らは楽園のようなパナマに行き着いた。長官のマルティネス・デ・ラ・ベガは科学者たち、「特に外国人［すなわちフランス人科学者］を、心を込めて親しげに歓迎した」

ポルトベロのあとでは、パナマは新鮮な息吹だった。三方を太平洋に囲まれた半島に位置する都市は広々とした植民地で、大きな広場や幅広い舗装道路があり、道路の両側にはタイル屋根の平屋建て木造住宅が並んでいる。大聖堂は石造りで、半島の根元には防御壁が立てられていて安心感をさらに増している。マルティネス・デ・ラ・ベガはスペインの新世界植民地の中でもとりわけ有力な人物だ。キューバの長官を一〇年間務めたあと、六〇代後半にアウディエンシアの長官としてパナマに着任した准将である。長官は科学者たちの旅を助けるという強い意志を持っていたが、測量隊はまたしても輸送手段がないため足止めを食うことになった。利用可能な船は港に一隻もなかったのだ。

彼らは何週間も待ちつづけた。一月が終わり、二月になる。ゴダンはさらにいくらかのペソを調達した。ホルヘ・フアンとウジョーアは来《きた》るべき測量に備えて数張のテントと「そのほかの必需品」を注文した。サン・クリストバル号という商船が現れると、沿岸を南に進んでグアヤキルまで乗せていってもらうよう話が進められた。測量隊のフランスとスペイン両方のメンバーにとって、経験豊富な海軍将校が指揮する「国王の船」からたまたま出合った商船に乗り換えるのは、決して喜ばしいことではなかった。サン・クリストバル号の船長フアン＝マニュエル・モレルは、あまり頼りがいのなさそうな人物だった。出発の日程は、何度も決定されては覆された。重要な決定を下そうとすると決まって、まとまった集まりとして行動するには大きすぎるチームにつきものの対立が表面化した。不和の原因の一つは、ラ・コンダミーヌとブーゲが、グアヤキルへ向かう途中でいったん止まって赤道が海岸線と交わる地点の近くで下調べを行いたいと求めたことだった。二人はパナマで得た情報から、サンフランシスコ岬を越えたところの港湾地域は緯度一度を測定するのに用いる基線と長さ二〇〇マイル（約三二〇キロメートル）の三角鎖に適した場所になりうると確信していたのだ。彼らが注目したのは、赤道のすぐ南にあるマンタという錨地である。ゴダンはその提案を拒んだ。外科医セニエルグはこのような口論にうんざりして、ジョセフ・ド・ジュシューの兄、パリにいるアントワーヌとベルナールへの手紙に不満をぶちまけた。二月一八日、彼はパナマの蒸し暑い部屋でこのように記している。

ゴダンはこれに反対して、グアヤキルへ行ってまっすぐキトに向かう予定でいます。（中略）ラ・コンダミーヌは既に全員の前で、途中で止まりたい人間がほかに誰もいないなら自分一人でも止まるつもりであり、その場合はブーゲ氏が行動をともにしてくれるはずだ、と明言しました。ゴダン氏はずっと不機嫌で、彼らは犬と猫のように喧嘩ばかりしています。（中略）彼らがこの旅を揃って完遂することなど不可能です。

一方、ジョセフ・ド・ジュシューはアントワーヌとベルナールに向けてゴダンの不品行を書き連ねていた。最も恥ずべき行為は、国王の金を娼婦へのダイヤモンドや高級な服のために浪費したことだ。

ゴダンはサン・クリストバル号が一九日に出航すると告げられたが、船は二〇日になっても錨を下ろしたままだった。緊張は目に見えるようだった。これは九カ月以上にわたった航海の最後の行程だ。大西洋につながる地峡のパナマをひとたび離れれば、ヨーロッパとの結びつきは限りなく希薄になる。彼らの生死は、彼ら自身の生存能力と、スペイン植民地行政府が歓迎してくれるか否かにかかっている。

ついに一七三六年二月二一日、測量隊のメンバー二五人(カルタヘナ・デ・インディアスを出たあと奴隷もしくは召使い一人が消えていた)はサン・クリストバル号に上船した。翌朝、船は弱くて変わりやすい風の中で出航した。それは不安に満ちたのろのろとした出発だった。船は南南西に向かい、パナマ湾を離れようとする船を捕えようと待ち構える珊瑚島から成る群島を迂回していこうとしていたからだ。船がイグアナ島の横を過ぎたのは二六日になってからだった。ようやく、海岸線がぎざぎざのプンタ・マラ(〝悪い岬〟)が視界から消えた。科学者たちは、パナマ湾の危険地帯を脱する様子から、サン・クリストバル号の船長の航海能力は乗客にとって危険なものだと確信した。スペイン人大尉二人は、見張りをし、星を観測し、船の速度を航海日誌に記入し、針路の変更を記録し、操舵手が眠りに落ちたときは自分の召使いに命じて舵を取らせるようになった。

ゴダンが測量隊の仲間からある程度の尊敬を取り戻したのは、パナマから南への航海でだった。彼のリーダーとしての資質は明らかだった――すなわち、ほとんど役立たずだった。それでも、フランスから積んできた科学機器には多大なる時間とエネルギーを注いでいた。その機器の一つは緯度測定のための革命的な発明品、ハドリーの八分儀《オクタント》だ。四五度つまり円の八分の一(ゆえに〝八分円《オクタント》〟)の弧を描く、手に持つ道具で、鏡と目盛りを用いて太陽など天体の水平方向の角度を測定する。昼間でも夜間でも使用でき、スペイン人大尉二人はこのような機器を見たことがなかった。「この独創的な紳士は」ウジョーアは記している。「アメリカへの航海の隊員に選ばれると、いくつかの機器を購入するためだけにロンドンへの旅に出たのである」。発明家ジョン・ハドリーが作った八分儀は――

この航海において緯度を見出すのに非常に役立った。針路が時に北、時に南と変わり、潮流は常に同じ方角に向かっているという複雑な状況のため、緯度を知るのは非常に困難かつ必要なことだったのだ。この機器のおかげで、我々は太陽の子午線高度を測定できるようになった。霧が濃いため、通常の機器では影の輪郭を定められなかったのである。

海に出て一五日後、船はサンフランシスコ岬を回り、赤道を越えた。すべての目は南米のぎざぎざした緑の海岸をたどり、カボ・パサド(〝最後の岬〟)という岬を探した。それを越えると広い湾に入り、次の岬の手前でマンタという小さくひっそりとした錨地に着いた。ブーゲとラ・コンダミーヌはまだ、グアヤキルに向かう南方への航海を中断して赤道近くの海岸で下調べを行うことに固執していた。彼らの主張に味方したのは、サン・クリストバル号の船長の無能力さだった。彼はグアヤキルに行き着くのに充分な食料を備えることなくパナマを出航していたのだ。船は新鮮な水と食料を積み込むため安全な場所に停泊せねばならなかった。

三月九日の午後、サン・クリストバル号はマンタ湾の港に入り、水深一一尋（約二〇メートル）の海底に錨を下ろした。翌日、測量隊は上陸して、何度も海賊に襲われたため放棄されたマンタ村の廃墟を歩いて抜け、丘を登ってモンテクリスティ村まで行った。海岸から一〇マイル（約一六キロメートル）ほど内陸に入ったところの、高床式竹小屋が立つ集落である。ここから先の斜面が測量に不向きであることは、すぐにわかった。ウジョーアの記録によると、彼らは「ほどなく、そこでの測量は非現実的であることを知った。地域全体がきわめて山がちであり、ほとんどの場所が巨大な木々で覆われていたのだ」。地元民も、この地域は急峻な森林地帯だと認めた。陸上で一夜を過ごしたあと、測量隊は海岸に戻ってサン・クリストバル号に再上船した。モレル船長は水と食料の積み込みを指揮していた。船が停泊しているあいだ、機器が甲板に持ち出され、測定の結果マンタの位置は南緯〇度五六分五と二分の一秒であることがわかった。ここは赤道から一度以内のところなのだ。

ブーゲとラ・コンダミーヌにとって、誘惑は耐えがたかった。サン・クリストバル号がマンタ湾を出てグアヤキルに行き着くには一、二週間かかる。雨期が終わってアンデスの山越えの道をラバが通れるようになるまで、そこで少なくとも二カ月待たねばならない。パナマ以来断続的に行われていた議論が再燃した。ゴダンは、測量隊全員がサン・クリストバル号にとどまってグアヤキルまでの航海を続けると決め込んでいた。ブーゲとラ・コンダミーヌはマンタで下船して赤道上での科学的観測を行い、測量の下調べを続けることを望んだ。「既に激しい雨の時期が終わっていたこの海岸地帯において時間を有効に使えると我々が考えていたことは、周知の事実である」とブーゲは書いている。反乱の舞台は整った。

三月一二日、ホルヘ・フアンとウジョーアは、再びモンテクリスティ村に赴いていたブーゲとラ・コンダミーヌと、サン・クリストバル号上のゴダンとのメッセージの仲介役を務めた。ゴダンは陸上のメンバーに向けて不機嫌な二枚の手紙を走り書きし、二人のアカデミー会員がゴダンの同意なくマンタにとどまって「命令に従うのを拒んだ」と非難した。そして、自身は「できる限り早くグアヤキルに向かわねばならない」と締めくくった。

三月一三日、サン・クリストバル号はマンタ湾を離れた。ブーゲとラ・コンダミーヌを、測定機器、奴隷二人、召使い一人とともに陸上に残して。

それはとんでもない大失態だった。船は五人を地図のない土地で案内人もないまま見捨てていったのだ。陸上の者たちが探検できることを喜んでいる一方で、船上ではゴダンの屈辱により暗い空気が満ちていた。二人の反乱を招いたのは、ゴダンのリーダーシップの欠如だった。測地測量が始まりもしないうちに、測量隊は分裂したのである。

サン・クリストバル号はマンタ湾からサンロレンソ岬を回り、グアヤキルに針路を定めた。船上でゴダンが行える科学的調査はほとんどなかったが、三月二六日には月食が起こることになっていた。サン・クリストバル号が一〇日ほどでグアヤキルに行き着くことができ、二六日の夜に空が晴れていれば、ゴダンはこのスペイン領の主要な港における経度を決定することができる。彼が旅のためにロンドンで調達した機器の一つは、高名な時計職人ジョージ・グラハムが作った精密な振り子時計だった。この精巧な大型機器を現地時間に調整して用いれば、食の継続時間を秒単位で測ることができる。それをパリの観測所で記録した食の時間と比較したなら、グアヤキルの正確な経度を計算できるようになる。一時間の差は経度一五度に相当する。ブーゲとラ・コンダミーヌが不在のため、スペイン人大尉二人が志願してゴダンのパートナーを務めた。彼らも、ペルー北部で最も重要なスペイン領の港の経度を測ることに関心を持っていたのだ。

最初、サン・クリストバル号は南へ順調に進み、プラタ島の双子峰ふもとの沿岸を通り、そのあと南南東に針路を変えた。一七日にブランコ岬を過ぎて、グアヤキル湾に入っていった。翌日の昼、モレルはトゥンベス川河口から半リーグ（約三キロメートル）沖で錨を下ろし、サン・クリストバル号は、ウジョーアいわく「船長の特別な用事」のため二〇日までとどまった。船長がようやく錨を上げるよう命じると、船は強い潮流に引かれてまた大海に出てしまった。グアヤキルのほうへ行くには、上げ潮に乗って岸に近づき引き潮のとき投錨する、ということを繰り返すしかない。二三日に船はようやくプナ島に行き着き、船長は水先案内人を呼び寄せた。翌日、水先案内人は船を島の北端に近い小さな港まで導いた。月食まであと二日しかない。グアヤキルは小さな島が点在する河口から北へ四〇マイル（約六四キロメートル）入ったところだ。月食を逃すよりはと、ゴダンとホルヘ・フアンとウジョーアは即席の観測所として使えそうな建造物を探してプナ港に隣接する村を見て回った。しかし家々の壁は籐でできていて、精密な機器を支えられるほど頑丈ではなかった。

時間がなくなってきたため、サン・クリストバル号をプナ港に残して手漕ぎボートで急いでグアヤキルに向かうことになった。ゴダンとスペイン人二人は機器を積み込み、二四日の真夜中少し前にプナ島を出発した。プナの漕ぎ手は引き潮や川の流れや暗闇と格闘しながら全力を尽くしたものの、疲れ果てた彼らがグアヤキルの埠頭に船をつけて機器を陸に運び上げたときには、二五日の午後五時になっていた。彼らは残ったエネルギーを振り絞って、月食に間に合うよう振り子を設置することができた。しかし、とウジョーアは陰鬱に振り返った。彼らの「努力は無に帰した。あたり一面が霧に包まれていて、何も見えなかったのだ」

翌日の夕方、サン・クリストバル号は彼らに追いつき、グアヤキルの入り口に船を停めた。測量隊の荷物や残りの機器を降ろして川船で運ぶと、ゴダンは次の困難な課題に注意を移した。グアヤキルから先、測量隊は複雑に入り組んだ地区《コレヒミエント》で活動することになる。リマにいる副王はこれらのコレヒミエントを利用してペルー副王領全体を監督している。各コレヒミエントは、国王から任命されて地区の行政官兼判事兼総督を務めるコレヒドールが支配している。彼らは賄賂によって動く有力者だ。測量隊がキトまで行くには、彼らの協力が欠かせない。ゴダンはホルヘ・フアンとウジョーアを従え、グアヤキルのコレヒドールに拝謁を求めた。彼らは「非常に丁重に」迎え入れられた、とウジョーアは書いている。測量隊がキトまでの道中で通る予定の地域を管轄するすべてのコレヒドールに連絡が届けられた。グアヤキルとキトを結ぶルートは副王領の幹線の一つだが、障害物が多いことでも知られていた。雨期には、豪雨と雪解け水が浅瀬を深い淵に変え、橋を壊し、道のところどころを通れなくする。またしても、測量隊の荷物の重さと量が輸送を困難にした。ラバが危険な川を渡る回数を少なくするには、カラコルというところまで川船で内陸をさかのぼり、そのあとラバで山越えをしてグアランダまで行かねばならない。グアランダはチンボ県の小さな町で、そこから北方のキトまで道が通じている。雨期以外なら、海岸からキトまでの旅は一カ月ほどだ。しかし川が航行可能になり、グアランダのコレヒドールからラバがカラコルに送り届けられるまでは、グアヤキルを出ることはできない。

輸送以外に、ゴダンには金銭に関する不安もあった。サン・クリストバル号にパナマからグアヤキルまでの隊員と荷物の運賃を払ったことで、資金は底をついていた。そしてこの先も、水が引くまでグアヤキルで待機するための費用が必要になる。そのあと測量隊がキトまでの五〇〇マイル（約八〇〇キロメートル）の川と山道を行く費用もいる。ゴダンはグアヤキルの金庫係から二一〇〇ペソを手に入れたが、その四分の三近くはサン・クリストバル号のチャーター費用としてモレルに渡さねばならなかった。

グアヤキルはポルトベロよりはましな滞在地だったが、パリやセビリアとは比べものにならない。しかしホルヘ・フアンとウジョーアにとっては、ここは偉大なコンキスタドールのフランシスコ・デ・オレリャーナが設立した河川港だ。オレリャーナはアマゾン川を航行した記録に残る初のヨーロッパ人であり、当時スペインの地図でアマゾン川はオレリャーナ川と記されていた。グアヤキルにも、アマゾン川と同じような性質を持つ川が流れている。グアヤキルの川の西側全体が、難破船のごとく傾いているように思えた。家も修道院も教会も、三つの要塞すら木造で、雨期の洪水に備えた箱舟の集まりに見える。一月から六月までの雨期のあいだ、灼熱の日々が続いたと思うと豪雨が襲い、沖積層を泥水に変える。ウジョーアは、道路は「冬のあいだ徒歩でもラバでも通ることができず」、雨期の最初の雨は道路を「非常に大きな厚板」を置いて歩かねばならない「ぬかるみ」に変え、厚板は「すぐに滑りやすくなり、頻繁に人を転倒させる」と警告した。不本意に泥に突っ込むだけでも悪いのに、グアヤキルには毒を持つ野生動物が棲息している。ヘビ、サソリ、オオムカデは、「どうにかして家の中に入り込んで多くの人の命を奪う」とウジョーアは述べた。さらに、「ベッドは必ず注意深く調べねばならない。毒のある動物の一部はベッドに入り込むこともある」。夜にはネズミが家に入ってきて壁を登り、天井を走る。誰でも寝るときは蚊帳に入る。ランタンに入れておかない限り、ロウソクを三、四分以上消えずに燃やしつづけることはできない。「無数の虫が炎に飛び込んで」火が消えてしまうからだ。

雲と雨のせいで、天文観測はほぼ不可能だった。「月食での失望を埋め合わせるため、我々はなんとしても成功したいという思いで木星の潜入［星が月の後ろに隠れる現象］を熱心に観察した」とウジョーアは記している。「だが、これも同じく不運に見舞われた。濃霧のため計画は失敗に終わった」。夜に雨がやむたびに、スペインの大尉二人は雲の隙間から少しでも観測をしようと虫の中に出ていった。虫に刺されるのは「拷問のような痛みだった」。一度ならず、「見ることも息をすることもできなくなり」作業を中止せざるをえなかったという。最終的に、彼らはグアヤキルの緯度を南緯二度一一分二一秒と定めたが、「どれほど精密な観測をしても」経度を決定することはできなかった。

それでもウジョーアはグアヤキルで有意義な地理研究を行うことができた。カルタヘナ・デ・インディアスやポルトベロやパナマでと同様に規律正しく、若き大尉は昼間は都市探索に専念し、この都市と周辺の人間と地勢に関する詳細な報告書をまとめた。彼の考察の対象は、ファッションからマングローブの沼地の生態系や〝バルサ〟と呼ばれるバルサ材製大型いかだの構造にまで及んでいる。バルサは最大九本の丸太が結び合わされたもので、葦で編んだ船室と、二本のマングローブの木で作ったマスト一本が据えられている。測量隊のメンバーの中で、暑くて長いグアヤキル滞在を最も有効に活用したのはセニエルグだった。あるきわめて裕福な住民の白内障を治療したのだ。この外科医は「かなりの金を儲けた」とラ・コンダミーヌは感心して記した。

サン・クリストバル号を降りて二カ月後、測量隊はまだグアヤキルにとどまっており、残ったペソはアンデス山脈の沈泥のごとく急速に流出しつつあった。

五月の初め、グアランダのコレヒドールが用意したラバがカラコルに向かっているとの知らせがグアヤキルに届いた。測量隊のメンバーはあわただしく宿泊所を出、泥の地面に木箱や鞄が集められた。そばには彼らを上流へと運んでくれる大型のチャタがある。蚊帳布で身をくるんだゴダンたち消耗した測量隊員は五月三日にグアヤキルを発ち、蛇行するゆったりした川を通ってアンデスへと内陸に向かった。かゆさに悩まされているチャタの乗客たちは、ピエール・ブーゲがその日、彼らがグアヤキルを離れる前に追いつこうと浸水した熱帯雨林を必死で進んでいたことなど知る由もなかった。

マンタの反乱により、ブーゲとラ・コンダミーヌはペルー沿岸の探検には不充分な装備のまま取り残された。ゴダンとの口論の翌日、サン・クリストバル号は測量隊の装備のほぼすべてを載せて南へと船出した。その次の三月一四日、ブーゲとラ・コンダミーヌは奴隷二人と召使い一人とともにモンテクリスティ村に戻り、広い高床式竹小屋を宿泊所として与えられた。ブーゲはこの小屋を〝王の館《カーサ・レアル》〟と呼んだ。床に上がるには、「足をかけられるよう切れ目を入れた」太い竹二本で作ったはしごを登らねばならない。彼らがなんとか陸上に持ってこられた数少ない装備品は、竹の床に置かれた。「私が持ってきたのは、自分の機器、狩猟用スーツ、ハンモックだけだった」とラ・コンダミーヌは回顧した。

彼らは自らの置かれた状況についてじっくり考えた。これは新たな科学研究を行う絶好の機会だ。初めて、観測機器を持って赤道に来たのだ。ブーゲは振り子とレオミュール温度計を陸上に持ってきていた。ラ・コンダミーヌは羅針盤と、四分儀二台を持っている。半径三フィート（約九〇センチメートル）の大きいほうは、四分儀の望遠鏡に初めて測微計を取りつけた道具職人、偉大なシュヴァリエ・ド・ルーヴィルがかつて保有していた扱いにくい代物である。もう一つの四分儀は、半径一フィート（約三〇センチメートル）のもっと小型で携帯しやすいものだ。ブーゲは自分の四分儀を陸上に持ってこられなかったので、ラ・コンダミーヌは大きなルーヴィルの四分儀をブーゲに貸した。機器と同じくらい重要なのは、訪問中の科学者に「あらゆる協力、助力、便宜」を与えるよう地元の役人に求めたフランスの通行許可証である。ラ・コンダミーヌはこの書類をスペイン語に訳しており、スペイン国王が出した指令書の写しも船から持ってきていた。一五日、竹の小屋を、職杖を持ったアルカルデに率いられた地元民のグループが訪れた。戸惑った科学者たちは果物を与えられ、その地方の町ポルトビエホの大尉が「彼自身に対するのと同程度の配慮」をフランスの科学者に与えるよう命じたという朗報を伝えられた。

ブーゲとラ・コンダミーヌは一刻も時間を無駄にしなかった。村から三分の一リーグほど（約二キロメートル）のところにあるサンロレンソ岬の高台を観測所用地に選び、観測所には「よき友インディオたちが易々と」屋根をつけた。回転する地球の赤道の真上に太陽が来る春分の日は二一日であり、ブーゲはその「正確な瞬間」を記録する新しい方法を試したいと考えていた。残念ながら二二日の朝は曇っていたため、観測は不首尾に終わった。木星の衛星の食も雲のため観測できなかった。しかし、ゴダンが失敗したことについて成功することができた。二六日の月食を観測してサンロレンソ岬の経度を測定できたのだ。その測定から、彼らは（のちに間違いだと判明することになるが）南米大陸の最西端を発見したと主張した。

仮の観測所における一連の深夜の観測を完了した二人は、モンテクリスティでの滞在に便宜を図ってくれた男性に会うため内陸に向かった。そのホセ・デ・オラベ・イ・ゴマーラはポルトビエホの邸宅に訪問者を招き入れ、今後の旅のために費用を貸すと申し出て、必要な地元の情報を与えてくれた。ラ・コンダミーヌが数週間後に熱帯雨林で使った銃器（おそらくはマスケット銃）も、オラベが与えたと考えられる。ラ・コンダミーヌはお返しに、この一年間何度も発熱して苦しんでいた男性に〝イエズス会の粉〟を処方した。フランス人二人は、患者がこの熱《フェブリフゲ》の治療について聞いたことがないと知って意外に思った。これは患者の故国における土着の治療薬だったからだ。イエズス会の粉という名前は、昔、ある宣教師がアンデスの村人からキナノキの樹皮の粉について教えられたという話に由来している。粉はヨーロッパに輸出された。スペインやイタリアの湿っぽい低地地方では土地の〝悪い空気〟が原因だと考えられるマラリアという致死性の熱病が流行しており、粉はそこで広く使われるようになった。カリブ海や南米を旅したらその熱病にかかる危険があることを知っていたラ・コンダミーヌは、粉をフランスから持ってきていた。ポルトビエホでの出会いは、ラ・コンダミーヌなどの人々がその後長年取り組むことになるキナノキの研究に通じる序章だった。キナノキは、キトの三〇〇マイル（約四八〇キロメートル）ほど南にあるロハ地区の山腹で見られる木である。

ゴダンとともに過ごすことによる緊張から解放されたブーゲも、測量隊の直接の使命を超えた好奇心に身を委ねた。船の設計に関する未完成の論文を荷物に入れていた彼は、硬く黒いコクタンからかぐわしいユソウボク（梅毒の民間治療薬に利用される）や「最も軽いモミの四、五倍軽い」巨大な白い木に至る、内陸の森の木材にすっかり魅せられた。彼が見つけたこの白い木は、ウジョアが記録に残しているいかだ《バルサ》の材料だった。「いかだを作るのにこれ以上適切な材料はない」とブーゲは記している。別の木、「マリアという名前で知られるもの」もブーゲの目に留まった。高くまっすぐな幹と白い樹皮で人目を引く木の木材は「過度に重く」なることはなく「非常にしなやか」だった。マリアの木は海岸地帯で、「船のマストにできるペルーで唯一の木」として重んじられていた。ブーゲは竹の汎用性も気に入っていた。竹の幹は「人間の脚ほどの太さ」にも成長するが、切って「鉄粉一粒も建物の構造の中に入り込まないよう樹皮でつなぎ留めて家の梁や接合部や床板に使うことができる」という。フランスの花崗岩の海岸地帯出身であるブーゲは、ペルーの建造物の柔軟性には戸惑っていた。「こうした家では、どれだけ穏やかに歩いたり動いたりしても、建造物全体が揺れる」

測量隊のほかのメンバーはあと何週間も南のグアヤキルで足止めされているはずだと考えたブーゲとラ・コンダミーヌは、赤道目指して北へ向かった。ポルトビエホから赤道までは直線距離にして九〇マイル（約一四〇キロメートル）ほどだが、馬と徒歩と丸木舟だと二倍の距離を行かねばならない。地元民は彼ら二人に馬を与え、内陸の森や峡谷を苦労して行くのではなく硬く湿った砂浜沿いを「潮の干満に合わせて進みやすい部分を進んでいく」方法を教えた。スペインの植民地チャラポトを通り抜けてカラケス湾に入ると、ブーゲの目は素晴らしい自然港と木材置き場に引きつけられた。彼らは、時には馬に乗り、時には丸木舟、あるいはカヌー型ボートで沿岸を進んだ。人口の多い地域では牛乳や卵や鶏肉を買うことができたが、それ以外では「米やバナナやトウモロコシケーキなど、持っていた食料でしのいだ。トウモロコシケーキは、とてつもなく乾燥していた以外の欠点はない」とブーゲは回顧した。パサド岬の大きな突出部を回り、そのあともう少し小さなプンタ・バジェーナ（〝鯨岬〟）を過ぎた。やがて大地は平らになった。ハマ川という蛇行する川が、海から切り離された潟湖を通って海に流れ込んでいる。ここは南緯〇度九分、赤道からは馬で二日ほどの距離だ。しかしブーゲが行ったのはそこまでだった。彼は「水平線の近くで天文屈折を観察するのに便利な場所」を探しており、「ハマ川の河口でついにその場所を見つけた」。ここに彼は一五日間滞在し、太陽が鯨岬の沖の太平洋に沈むとき地球が回転するのを見つめた。きっと、ラ・コンダミーヌの落ち着きない熱狂ぶりから距離を置きたかったのだろう。それに、まだ体調も悪かった。のちに、このときの観測データから海面と高地での天文屈折の度合いを比較できるようになる。

　ブーゲが太平洋の水平線を眺めているあいだも、ラ・コンダミーヌはなんとしても赤道が海岸線と交わる場所にたどり着くのだという決意を持って先へ進んだ。ハマ川からおよそ一五マイル（約二四キロメートル）行ったところで、四分儀が緯度〇度に到達したことを示した。赤道上のあらゆる点を結んで地球の周りをぐるっと回る、架空の輪である。彼は低い円状の丘の上に立っていた。その丘は海に張り出して小さな岬を形成しており、彼は日誌でその丸みを帯びた岬を「パルマールと呼ばれる岬」と呼んでいる。この名は〝ヤシの木立〟を意味するスペイン語に由来している。しかし、丘の周りの塩水沼のせいで煩わしい虫が多く、名前ほど牧歌的な場所ではなかった。また、丘で野営していた数夜のあいだは雲が垂れ込めており、天文観測は難しかった。彼はそこにいるとき、太平洋に向かって「最も突き出している岩」を選び、「**パリ科学アカデミー**《パリス・シエンティアール・アカデミカ》」による一七三六年の天文観測が「**パルマール岬**《プロモントリウム・パルマール》」にて赤道の位置を特定した、とラテン語で刻みつけた。彼は虫を叩きながら、この銘文は「船乗りの便宜のため」であり「昼も夜も蚊など種々の小虫にしつこく悩まされるためそこで立ち止まってはいけない、との警告も付け加えるべきだったかもしれない」と記録に残した。

ハマ川で再び合流した二人は、難しい決断を下さねばならなかった。サン・クリストバル号が彼らをマンタ湾で取り残してから一カ月以上が経過している。自分たちは素晴らしい科学的観測を行った。赤道に到達し、それを太平洋岸の略図に記した。天文観測と地理的現地調査によって、ペルーの西部海岸線の航行に関する知識を向上させるという責任を果たした。そして、赤道南部の沿岸の地形はひどく複雑に入り組んでいるため、基線を設定して二〇〇マイル（約三二〇キロメートル）にわたる測量を行うには不向きであることがわかった。しかし、もう時間は尽きていた。雨期は終わり、ブーゲによれば道路は「今や通行可能になりはじめていた」。ゴダンに追いついて測量を行うには、キトへ行く必要がある。だがここはキトから二〇〇マイル以上離れており、熱帯雨林や山を越える過酷な旅をしなければならない。彼らが下した決断は危険に満ちたものだった。

この時期にキトとほぼ同じ緯線上にあるハマ川の河口にいる私とムッシュ・コンダミーヌは、二手に分かれて別々のルートを取ることで合意した。ムッシュ・コンダミーヌは、エメラルドの川を探して海岸沿いに北へ向かい、通った土地の地図の作製を続けた。（中略）私自身はグアヤキル目指してもとの道をたどり、森林を抜けて南へ向かった。（後略）

そういうわけで、一七三六年四月二三日、赤道測地測量隊は三つに分かれ、互いに連絡を取り合うことなくそれぞれ異なる方角へと向かったのである。

グアヤキルの北にある川で、ウジョーアは生きたまま食われていた。「蚊による責め苦は」彼は記している。「想像を絶するものだった」。雨期が終わり、水量が減って流れが緩やかになると、カラコルまでカヌーなら三日で行ける。荷物を過剰に積んだ動きの遅いチャタに詰め込まれたゴダンのチームは、うねる流れにさからい、へとへとになって八日間上流へと進みつづけた。いくつか「不運な出来事」があった。ウジョーアは具体的な内容を記さなかったが、転覆は珍しくなかった。たちの悪い蚊は服の上からでも人を刺した。夜はほとんど眠れなかった。彼らはかゆみに悩まされ、悪態をついて体をかきむしり、なんとか逃れようとしたものの、それは無駄な努力だった。ある悲惨な野営地では、空き家で一夜を過ごそうとしたが、建物はその地域のあらゆる虫を引きつけているかのようだった。周囲の野原に逃げた者もいたが、彼らは蚊とヘビの両方に脅かされた。残りの者は枝を燃やそうとしたけれど、虫の群れを追い払う前に自分が煙にむせてしまった。朝日が照らした彼らの顔はふくれ上がり、体は「痛ましい腫れ」だらけだった。五月一一日にカラコルの小さな河川港に着いたときには、科学者も奴隷も皆、拷問からの解放を待ちわびていた。

カラコルは川の東岸にあるぬかるんだ土地に作られた町だ。キトと海岸を結ぶ古くからのルート上にあり、人々はここでチャタを降りてラバに乗り換える。一行はラバを待ちながら、二、三日のあいだ脚を伸ばし、虫に刺されたところをかき、これからの山越えに備えた。グアランダから送られた七〇頭のラバがついにカラコルに到着すると、新たな問題が持ち上がった。この数では、測量隊の人員と樽や鞄や箱など種々雑多な荷物を載せるには不充分だったのだ。チャタは窮屈だったが、それでも壊れやすい機器を運ぶのには比較的安全な乗り物だった。ラバで運ぶものは、すべて背中にくくりつけねばならない。ラバが足を滑らせたり背負った荷物が木や岩にぶつかったりしたら、壊れる危険は非常に大きい。ラバ追いが泥にまみれて入り乱れる中、荷物と機器の五分の一近くを置いていくという決定が下された。残されたものは、後日輸送手段が確保できて状況が整ってから送られることになる。

ラバと人は地元の案内人に先導され、くねくねした道をたどってカラコルから東へと向かった。草原がプランテン（クッキングバナナ）やカカオの林になり、やがてどろどろの沼地に変わるルートを、ラバは苦労して進んだ。その後、アンデス山脈から流れ出るオイバル川という小さな激流に行き着いた。ほとんど運動もせず約一年を過ごした測量隊のメンバーの体は、険しい山歩きに耐えられる状態ではなかった。筋肉は衰え、足は弱っている。スペインの海軍将校二人にとって、海を離れるのは歓迎されざる変化だった。海ならよく知っているし、船上での規律ある生活には慣れている。カラコルを発って数時間も経たないうちに、彼らは陸上の旅がいかに大変で厄介かを思い知らされた。「カラコルからオイバル川までの道はすべて」ウジョーアは述懐している。「あまりに深い泥に埋もれているため、ラバは一歩ごとに腹のあたりまで沈んでしまう」。二日間、一同は熱帯雨林の中をのろのろと進み、一三回も川を渡った（ウジョーアは数えていた）。橋は幅の狭い板を渡しただけもので、手すりもなく、荷物を積んだラバの重みで揺れた。夜になると、地元の案内人は森の木の枝を切り落として、旅人たちが眠れる避難所を作った。

一六日には、道は上り坂になった。高くから落ちる滝を、ウジョーアは「想像を超えた美しさだ」と感じた。恐ろしい崖の縁を進んだ。人もラバも足を滑らせ、木の幹や岩にぶつかった。積み荷は滑り、縄は締め直さねばならなかった。傷痕は刻々と増えていった。予定より遅れるのは日常茶飯事だった。ヨーロッパ人たちは常に、うっかりラバの隊列からはぐれて荒野に取り残されるのではないかと恐怖におののいていた。

一七日、彼らはタリガグアという場所で寒さに震えながら目を覚ました。前方には、スペイン人の旅行者にサンアントニオと呼ばれている山岳地帯への坂道がある。のちにウジョーアは、この地域の旅にヨーロッパ人たちは過去に経験したことのないほどの困難と疲労を味わった、と振り返った。雨、ぬかるみ、険しい山腹で上り下りを繰り返す道という組み合わせによって、普段は豪胆なスペイン海軍大尉すら不安になった。道はラバがなんとか通れるほどの広さしかなく、乗り手が腰まで泥に埋もれてしまうほどの深い穴がそこここにある。ルート上は大量の雨が降るので、案内人は小型の溝掘り道具を携行しており、毎日それで道に排水溝を掘った。巨大な倒木があると、ラバは荷物を降ろされて障害物を迂回した。ウジョーアによると、「持ち物の損傷」は大きかった。機器を入れた箱が手から手へと渡されるのを、ゴダンははらはらしながら見守った。荷を積んだラバは、目もくらむような急斜面を下った。崖の縁に来ると、ラバはいったん立ち止まって斜面を見つめ、身構え、長い急坂を駆け下りはじめるのだ。「乗り手にできるのは」ウジョーアは記した。「ラバを止めようとせず鞍の上でじっとしていることだけだった。少しでも動けばラバがバランスを崩すかもしれず、その場合は人もラバも命を落とすことが避けられないからである」。こうして、人はラバの背に乗ったまま重力に引かれて「流星のごとく急速に」下降した。

カラコルを出て五日後、長らく彼らを威圧していた山の、切り通し道に出た。ここは地元で〝パカラ〟(〝門〟または〝狭い山道〟)と呼ばれており、海岸とキトを結ぶアンデス山脈の切れ目である。案内人は疲れて汚れた一行を導いて険しく滑りやすい道を早足で下らせ、チンボ県の新天地へと導いた。若き大尉ウジョーアにとって、この休息地は遠きスペインを思い起こさせるものだった。

パカラの先の山々を越えると、二リーグ(約一三キロ)にわたる見渡す限りの平坦で開けた平原があった。木も山もなく、小麦や大麦やトウモロコシといった穀物の畑が広がっている。山の緑とは異なる鮮やかな緑は、当然ながら我々におおいなる喜びをもたらした。ほぼ一年のあいだ、我々が目にしていたのは暑く湿った地方の風景ばかりだった。ここはまったく違って、ヨーロッパの景色と非常に似ており、祖国の地を思い出させて我々の心を躍らせるのである。

測量隊が平原に下りると、太陽神が降臨したかのごとき歓迎を受けた。グアランダのコレヒドールが、アルカルデと役人や召使いの随行団を従えて出迎えに来た。チンボにいるドミニコ修道会の聖職者も数人の修道士とともに現れた。トゥーロン出身の几帳面な測量技師ヴェルガンは、故郷への手紙でその場面について書いている。

そうして我々は進んだ。道路の両側にはみすぼらしい人々が並んでいる。四人の若きインディオもいた。彼らは青い服に白いベルトを締め、頭には白いスカーフを巻き、上部に旗のようなものがついた棒《バトン》を手に持ち、彼らの流儀に従って歓声とともに我々を取り囲んだ。

隊列が町に入ると、泥だらけの旅人たちは、家々の屋根を越えて聞こえてくる鐘の音に感動した。通り過ぎるあらゆる家が、ラッパや小太鼓や笛の音を響かせているようだった。

我々はコレヒドールの公邸に案内された。我々の部屋もそこに用意されている。回廊に立つ柱の周りには、多数の観葉植物が置かれていた。我々は冷たい飲み物を飲み、夕食のあいだはハープとバイオリンによるオーケストラが演奏していた。

コレヒドールは、どの町にも訪問者を歓待する風習があるのだと説明した。

グアランダで二日間休息したあと、測量隊はヨーロッパから赤道までの長い旅における最後の障害と戦った。東へ向かう道は、肥沃な畑や小川や木立のあと上り坂となり、草が群生する険しい峡谷を抜け、最後には高度一万三〇〇〇フィート（約四〇〇〇メートル）の、この地域で〝パラモ〟と呼ばれる荒野に行き着く。眼下に傾斜した草原、上方に万年雪が見える、不毛で凍てついた高地である。こうした極寒の荒野は、やがて測量隊のメンバー全員にとってなじみのある風景になる。薄い空気の中、ほぼ八〇〇〇フィート（約二四〇〇メートル）上方にそびえる偉大なる山チンボラソのふもとの砂埃舞う道を、薄汚れた旅人たちはのろのろと進んだ。二三日の朝に狭苦しい小屋を出ると、あたり一面が霜に覆われていた。彼らはありったけの服を着込んでチンボラソ山腹を進んだ。道は徐々に下り坂となり、午後二時にモチャという「みすぼらしい寒村」に着いて、そこで一晩過ごした。

二四日に凝り固まった体でモチャを出ると、道の左右のほぼ等距離のところに、チンボラソとトゥングラワの銀色の山頂が見えた。左前方には、カリワイラソのぎざぎざした山頂が見える。低くまでなだらかに続く山の斜面は、かつてそれが巨大火山だったことを物語っている。一〇〇〇年にわたりアンデスの神話で重要な役を演じてきたこれらの山に、それまでヨーロッパ人は誰も登ったことがなかった。カリワイラソは〝母なる〟トゥングラワの味方として戦っていたとき〝父なる〟チンボラソに破壊されたと言われている。道はキトに向かって北に延びており、彼らは

〝偉大なる道《グレート・ロード》〟の名残に入った。アンデスのインカ帝国を貫く、全長三七〇〇マイル（約六〇〇〇キロメートル）の人力で作られた幹線道路である。地球上で最も測量に適しているとして選ばれたこの地には、はるか古代の歴史があり、そのことを示すものがいろいろと残っていた。ここへ来る前には、チンボラソ山麓の谷で案内人が「古代インカ帝国の宮殿」だと教えてくれた構造物の土台で立ち止まっていた。二八日、巨大な円錐形の山コトパクシのふもとを進んでいるとき、一行はカリョ平原でさらに古い遺跡を通り過ぎた。

彼らの両側では、雲を頂いた二つの山系が、キトそして赤道に通じる道のごとく北方に延びている。興奮が彼らの中を駆けめぐった。山系に挟まれたこの大きな自然道は、最初から長い三角鎖を設定する最も有力な候補地と考えられていた。両側の山々は、高所の観測点として、張りめぐらされた照準線で結ばれることになる。

グアヤキルを発って三週間以上が経った二九日の朝、パンのような丸い形からスペイン人にエルパネシリョ（〝ロールパン〟）と呼ばれる小さな丘の横を埃にまみれたラバの長い列が回ると、小さな町の白っぽい壁が見えた。長らく待ち望んでいた安息の地に到達したのだ。ヨーロッパ人による探検記の中で、キトは一種の暗い魅力を帯びた地として描かれている。ここは一五三四年、セバスティアン・デ・ベラルカサルがチンボラソの戦いでインカ最後の偉大なリーダーであるルミニャウイを破ったあと建設した町だ。ベラルカサル率いる軍は、ルミニャウイが大量の金、銀、プラチナをこの町に隠したと確信していた。以来、この地を訪れるヨーロッパ人は財宝探し《トレジャーハンター》だと見なされている。

疲れた一行は町に入っていったが、ここはあまり豊かそうに見えなかった。中央広場周辺の建物の中には、今にも崩れそうなものもある。広場の四方を囲んで並ぶのは、大聖堂、聖公会宮殿、市庁舎、そしてアウディエンシアの公邸だ。公邸は驚くほど荒廃していた。可能なときはいつも南米におけるスペインの存在を威厳づけるべく努めていたウジョーアすら、公邸はキトの中央広場に「美観を添えるどころか醜さを付け加えて」おり、その壁は不安定で「常に崩壊の危険にさらされている」と表現せざるをえなかった。太平洋岸からアマゾン川上流域を支配するアウディエンシアの中枢としては、キトはいささかうらぶれて見えた。

ゴダンと彼の率いる衰弱した国際測量隊は、アウディエンシアの長官ディオニシオ・デ・アルセド・イ・エレーラに出迎えられた。彼は公邸内の老朽化した部屋に一行を案内した。ウジョーアによれば、彼らは三日間「非常に華々しく」もてなされ、司教や司祭、会計監査役、地方自治体の長、「そのほか著名な人々に紹介された。彼らは競い合うように、我々に礼節を示そうとしていた」

ゴダンは遠からぬうちに、アルセドの気前のよさの限界を知ることになる。だがそれより差し迫った心配は、一一週間前に太平洋岸に残してきた学者二人のことだった。彼らの消息は杳として知れなかった。

測量隊の将来は神経質な会計士の手に握られていた。ディオニシオ・デ・アルセド・イ・エレーラはアウディエンシアの管理に当たって、金銭的な悪事を鋭く監視している。マドリードで貴族の家に生まれ、金のかかる教育を受けてきたアルセドは、リマの会計監査院で貿易を専門として働いた。彼は特に密輸業者とイギリス人を嫌っている。カルタヘナ・デ・インディアス沖でスペイン財宝艦隊が襲われたとき、イギリス軍の捕虜にされていたからだ。旗艦のサン・ホセ号は爆発して六〇〇人の船員と乗客をカリブ海の底に沈めた。船倉には金銀が積まれていた。アルセドはジャマイカに連れていかれ、捕虜交換によって解放された。

アルセドにとって、キトはスペインのガリオン船よりも安全だったが、職務は簡単ではなかった。彼が何年ものあいだ統治してきたのは、活火山のそばに都が作られた領地だ。道路は度重なる地震で割れ、社会は植民地時代の二つの階級によって分断されている。スペインで生まれた〝チャペトン〟と現地生まれの〝クリオヨ〟である。キトのチャペトンに支持されているアルセドは、犯罪に厳しい人間として知られることを望んでいた。彼の下した判決は町の触れ役がラッパを吹き太鼓を打ち鳴らして告知し、処刑や追放処置は公開された。測量隊が現れる二年前には、二人の贋金作りが中央広場で首を吊られて火あぶりにされ、以来、偽造硬貨の流通は激減した。一七三三年、アルセドは一〇〇〇ペソ以上を費やしてキトの刑務所を改修し、新しい鉄の足枷、鎖、手枷を備え、白い漆喰塗りの拷問部屋を作った。彼は国の財産の救い主を自負しており、自分は前任者から「裏切りや殺人や盗みが横行する」町を受け継いでキトを「平和で静かな社会」に変えた、とスペイン国王にアピールした。一七三六年六月に測量隊が到着したとき、アルセドの八年間の任期は数カ月を残すだけになっており、厄介ごとを持ち込まれるのだけはごめんだった。

外見上、測量隊は無秩序な無能力者の群れに思えた。三人のフランスアカデミー会員のうち二人は行方不明。残りのメンバーは薄汚れて疲労困憊し、荷物は少なく、生きていくだけの資金も不足している。しかもアルセドは、測量隊がヨーロッパの品物の副王領への密輸に関与していることを示唆する証拠を受け取っていた。測量隊が来る一週間前、違法な輸入織物を積んだヴォトゥール号が拿捕されたという連絡がキトに届いたのだ。測量隊が密輸に加担しているかどうか、まだ最終的な結論は出ていない。ゴダンの隊が携行してきた荷物は通常の手続きに従って検査され、メンバー全員が入念に調べられた。しかし彼らの荷物の一部はまだカラコルに置かれている。

とはいえ、密輸の問題を別にすれば、科学者たちは役に立つかもしれないとアルセドは考えていた。町が新たに測量されて最新の地図ができたなら、彼の長官としての業績がいっそう輝くだろう。測量隊に「あらゆる助力を与えよ」とのマドリードからの指示に肯定的な返事をしており、既に下準備は整っている。ゴダンがラバを送ってほしいとグアヤキルから連絡してきたとき、段取りを整えたのはアルセドだった。ゴダンたちがキトに到着すると、アルセドは三日間にわたる歓迎の宴を開き、隊員を公邸に宿泊させた。そして、カルタヘナ・デ・インディアスで設定されていた四〇〇〇ペソの信用枠のうち数百ペソをゴダンに払い出した。しかし、金銭的な不正には常に死刑という厳罰で臨んでいるアルセドとしては、最大限に警戒せねばならない。密輸にかかわっているという疑いだけでも充分に不愉快なうえ、ゴダンは、国王フェリペ五世からペルーの副王と全アウディエンシアの長官に出された「天文学者たちに彼らが求めるあらゆる装備を援助するように」との命令を得意げに振りかざしている。このフランス人はアルセドに、宿泊や輸送、そのほか細々したもののための金をキトの金庫から貸し出してくれと求めていた。その金は将来のいつかフランス政府が返済するという。しかも、ゴダンは天文観測機器の設置に適した庭のある家を宿泊施設として求めてもいた。

到着したばかりの測量隊のメンバーにとって、知るべきことは多くあった。健康はどんな時でも何より大事であり、ホルヘ・フアンとウジョーアのノートには各種の危険が書き並べられた。性病はキトに蔓延していて、「それから逃れている者はほとんどいない」。さらに危険なのは「悪性の紅斑熱や胸膜炎」、それに、痙攣、鋭い痛み、譫妄、吐血を引き起こすペストという病気だった。最も懸念されるのは「渓谷病《ビーチョ》」という発熱後二、三日で命を奪う病気だ。測量隊づきの医師ジュシューは、ビーチョは「直腸の壊疽」だと考え、「火薬、ギニアショウガ、レモンの皮でできた坐薬として少なからぬ苦痛を伴って利用され、患者が危機を脱したと判断されるまで一日に二、三回取り替えるべき」治療薬を処方した。

測量隊が直面したそれ以外の問題としては、ふくれ上がる費用と腐敗があった。グラスから輸入の綿、羊毛、絹まであらゆるものが、キトではフランスより高額で取引されている。機器の修理や製作に欠かせない鉄は、一ポンド（約四五〇グラム）当たり六レアルもした。真鍮はほとんど手が届かない。活動中に測量隊の人員、機器、テント、荷物を運ぶため絶対に必要なラバを借りる費用や手続きも問題だった。ラバの調達は、搾取によって各地区の輸送システムを支配するコレヒドールがしっかり管理している。毎年、コレヒドールは自分のコレヒミエント内の町や農場を訪れ、一八歳から五五歳までの全住民（病人や障碍者は除く）に貢物を要求する。ホルヘ・ファンとウジョーアは教会と行政府の腐敗について体系的な記録をつけはじめた。

もう一つの搾取の手段は配給《リパルティミエント》制度である。各コミュニティは、衣服や食料といった必需品をコレヒドールを通じて言い値で入手せねばならない。コレヒドールが一頭一四〜一六ペソで手に入れたラバは四〇ペソで売却される。しかも、ラバ追いは仕事をするとき許可を得なければならず、コレヒドールに収入の一部を上納する必要がある。輸送はこのあとも測量隊をたびたび悩ませる問題となる。

六月四日、南からゴダンがキトに到着した六日後、もう一人の薄汚れたフランス人天文学者が足をよろめかせて北からやってきた。ラ・コンダミーヌだった。

海岸で別れるとき、ブーゲとラ・コンダミーヌは四分儀を交換していた。ラ・コンダミーヌは重くて扱いにくい三フィート（約九〇センチメートル）の四分儀を持ち、もっと携行しやすい一フィート（約三〇センチメートル）のほうはブーゲに渡した。二人とも、キトにたどり着くのがどれほど大変かを予想していなかった。ブーゲは、危険度は低いが長いルートを取った。その一部は既に一度通っている。だが、彼の体調は万全ではなかった。

ブーゲは奴隷一人を連れ、もとの道をたどって太平洋岸まで戻ったあと内陸に向きを変え、ポルトビエホに、そして木々に覆われた高地に向かった。ゴダンがキトに向けて出発する前にグアヤキルに行き着くつもりだ。だが既に病気で衰弱していたブーゲは、すぐに困難に陥った。林道には水があふれており、しばしば膝まで水に浸かった。二人はよろめくラバの背で揺られながら鞍をつかみ、雨期の水がまだ引いていない大地を進んだ。ブーゲは海洋科学を教えることはできてもラバを乗りこなすことはできず、「どこまでも続く泥やぬかるみ」で「ラバが足を抜こうと必死でもがく」たびに乗り手は「木に衝突」しそうになった、と振り返った。苦難の末グアヤキルに着いたものの、ゴダンはその少し前に出発していた。ブーゲはグアヤキルで止まって休息することもせず「その日のうちに町を出て」、なんとか測量隊に追いつこうとカヌーで上流に向かった。五月一九日にカラコルに到着したが、ゴダンの隊は「三日ほど前」に発ったと言われた。しかも、ゴダンは使えるラバをすべて連れていったという。カラコルに残されているのは測量隊の荷物の山だけだ。ブーゲは疲れ果てていた。すっかり消耗し、体調は悪く、ゴダンを追うための輸送手段は何もない。

ラ・コンダミーヌも苦労していた。ハマ川で二手に分かれると決めたのは彼だ。一緒に旅をしたなら、互いに力を合わせ、ゴダン率いる測量隊がキトに向かうためグアヤキルを出る前に追いつけたかもしれない。しかしラ・コンダミーヌは無謀な人物だった。彼の恐れを知らぬ好奇心は、常に彼を中心から離れた周縁に追いやり、魅惑的な虚空へと飛ばしてしまう。そういうとき、中心は不安定になる。ラ・コンダミーヌは不均衡をもたらす因子だ。彼が生み出す緊張はあらゆる人の神経をピリピリさせる。だが時として、それが成功を求める熱意をいっそう強めもする。彼はあらゆるリーダーにとっての悪夢である。彼が三フィート（約九〇センチメートル）の四分儀を選んだのは、ペルー北部の地図の空白を埋める作業を続けたかったからだ。彼はエスメラルダス川（〝エメラルドの川〟）についても興味があった。

予想できたことだが、探検家でありたいというラ・コンダミーヌの強い思いは数々の困難を引き起こした。召使いと奴隷という二人の同伴者は間違いなく貴重な財産だったが、彼らは荷物と大きな四分儀を持たされた。ラ・コンダミーヌは案内人を雇おうとしたものの、故郷を離れフランス人に付き添って森へ入ろうとする者はいなかった。そのため、三人はキトまでの冒険の旅を、丸木をくり抜いた航海用のカヌーで始めた。カヌーを漕ぐのは地元の水夫だ。夜は岸に乗り上げて休み、昼に漕ぐことを繰り返して、小さなカヌーは波に揺られながら北へ向かった。途中数箇所で止まり、ラ・コンダミーヌは四分儀を手に上陸して、海岸上の目立った航路目標の緯度を測定した。その中で最も重要なのは、何週間も前にサン・クリストバル号の甲板から見た、陸地から突き出したサンフランシスコ岬だった。岬を越えると、アタカメスの河口の緯度を測定した。さらに海岸沿いを一〇マイル（約一六キロ）ほど進んだところで海水が透き通った青から泥のような茶色に変わり、緑の海岸線に裂け目が現れた。エスメラルダス川が太平洋に流れ込むところだ。ラ・コンダミーヌは、自分たちは「丸木舟《ピローグ》で海岸線沿いを五〇リーグ（約三二〇キロメートル）以上進んだ」と記している。フランスのカレーとイギリスのドーバー間を四往復したのにほぼ相当する距離を、カヌーで旅したのだ。

　河口に入ったとたん、困難に直面した。アンデス山脈から大量の水が流入しているため、エスメラルダス川は「激流《リヴィエール・トレ・ラピード》」になっている。流れにさからって進むのは大変な労苦だった。ラ・コンダミーヌは宝石を探す計画を立てていたが、それはあきらめた。彼は地図に、「エメラルドの川の小さな丘」のおおよその場所を記入した。蛇行する川を進んでいくと、ニグワ族の先祖の地に出た。熱帯雨林と平原から成る地域は、エスメラルダス川に沿ってアンデス山脈内の火山にある源流まで続いている。ラ・コンダミーヌが「キトのベスビオ火山」と呼ぶようになったその山は、ピチンチャだ。山の隆起はキトの西端から始まっている。ピチンチャまで行き着けたなら、キトが見つかるだろう。

　初期の入植者がプエルトキトと呼んだ谷の近くで、ラ・コンダミーヌと同伴者二人はカヌーを馬に取り替え、林道に入っていった。ここから先に進めるかどうかは、地元のニグワ族にかかっている。彼らの協力がなければ、荷物や四分儀を運ぶことも、ピチンチャに通じる道を見つけることもできないだろう。ラ・コンダミーヌは羅針盤を持っているので、キトが今自分たちがいると思われるエスメラルダス川沿いの地点から南東にあることはわかっている。だが羅針盤だけに頼って川や渓谷を越えて直線的に進むことは不可能だ。生き延びるためには、最悪の障害物を避けられる山道の知識と、荷物と機器を運んでくれる地元の運搬人が欠かせない。

最初、彼らは幸運にも、熱帯雨林の中の道を先導し、機器と荷物を運んでくれる案内人を見つけることができた。道を切り開くためには長刀《マチェーテ》の鉈が必要だ。探検家であり科学者でもあるラ・コンダミーヌは、地図作製、観察、標本収集に専念した。興味深い種子は鞄に詰められ、ノートには熱帯雨林の植物相の絵が描かれた。「私は羅針盤と温度計を手に持って歩いた」と彼は振り返った。「馬に乗るよりも歩くほうが多かった」。毎日午後になると、雨は熱帯雨林の林冠に降り注いだ。雇われた案内人二人は四分儀を運ぶのに「おおいに苦労した」。ほどなく、彼らは仕事を放棄して森の中に消えた。熱帯雨林での生活の経験が乏しい三人は、のろのろと進んだ。四日間、ラ・コンダミーヌの羅針盤と地形判断に頼って歩きつづけた。大量の荷物を持ち、毎日大量の汗を流し、野生動物を狩って命をつないだ。火薬が底をつくと、バナナなど野生の果物を木からもいで食べた。ラ・コンダミーヌは発熱するようになった。高度が上がるにつれて、川は峡谷になった。彼らは「大きな音をたてて落ちる雪解け水による滝で削られた崖沿い」の道を進んだ。蔓でできた細くて揺れる橋を初めて見たとき、ラ・コンダミーヌはおののいた。橋は「漁師の網」のように谷に渡されている。

その後の年月で彼もこうしたアンデスの橋に慣れていくのだが、最初に遭遇したときはひどく危険に思えた。やがてある村に行き着き、道がキトに通じていることを確認した。しかしこの段階で金は尽きており、ラ・コンダミーヌは自分たちが窮地に陥っていることを認めざるをえなかった。彼はある集落に四分儀を置いていき、その見返りとして、ノノという村に彼らのためにラバを送ってもらうという約束を取りつけた。やつれた三人はおぼつかない足取りでノノまで行き、ようやく自分たちの無事を確信した。

ノノはキトからラバで北へ一日の距離にある。ハチドリがさえずり、牧草地が広がる、緑豊かな深い谷間の村だ。薄汚れて悪臭漂うラ・コンダミーヌは、フランシスコ会の修道士から代金後払いで数着の服を手に入れることができた。再び元気になると、何週間ものあいだ思いを向けていた標識たる山に視線を据えた。ノノのある長く深い谷から南に目をやり、高くそびえる緑の尾根を見つめる。測量隊の中で、最初にピチンチャに登るのは自分なのだ。

熱帯雨林を下に見る火山に登り、冷たく新鮮な空気に包まれたとき、彼は感動に震えた。

見渡す限りの耕作地、多様な平原や牧草地、緑の山腹、生垣や庭に囲まれた村や集落。この美しい景色のはるか先にはキトがある。私は、フランスの最も美しい地方に連れてこられたかのような感じを覚えた。（後略）

六月四日、ラ・コンダミーヌがキトに入ると、ゴダンは測量隊の大部分とともに六日前に到着していたことがわかった。ところがブーゲは、四月末に太平洋岸でラ・コンダミーヌと別れて以来、誰も姿を見ていなかった。

酷暑のカラコルで足止めされた水路学教授は、すっかり体調を崩していた。回復してラバを待つあいだ、ブーゲは放置された測量隊の荷物を調べて自分の持ち物を探した。また、ラ・コンダミーヌの道具箱二つも選んだ。これもキトへ持っていくつもりだ。一週間後、彼は川を離れ、長く険しい道をたどって山へ入っていった。先行した測量隊よりも小さな集団で動いているおかげで速く進むことができたが、うなりをあげるオイバル川を何度も渡らねばならず、山道を登る中で「数えきれないほどさまざまな崖」を切り抜けねばならなかった。最初の数日は雨が降りつづいたため、火をつけられなかった。食料は「まずいチーズと、トウモロコシの混じったビスケット」だけだった。グアランダで休息したあと、急峻な坂を登ってチンボラソを越え、「雪や霜しか見えない」パラモを通り過ぎた。そうして、二週間前にウジョーアを魅了した地へと下りていった。

この景色の変わりようには驚嘆するしかなかった。灼熱の地帯やぞっとする寒さに次から次へとさらされたあと、突如、温暖な気候のフランスへ、そしてこの地のような非常に魅力的な季節の田舎へと運ばれたかのような気がした。

ブーゲは地形を眺めて感動に浸った。

この低地の家々は竹ではなく、しっかりした素材で建てられている。石造りのものもあるが、ほとんどは日陰で乾燥させた大きなレンガでできている。あらゆる村には広場があり、その一辺に面して教会が立っている。平行四辺形の広場は必ず東に向けて開かれており、道路は広場から直線で四方に延びて、遠くの田園地帯まで続いている。野原も多くは格子状に区切られ、庭を形作っている。

彼がキトに着いたのは六月一〇日、ラ・コンダミーヌよりも六日あとだった。分断して次々と災難に見舞われた末、科学者チームの中心的な一二人がついに同じ町に集結したのだ。ゴダンはアルセドから、金を送るようリマに要請するという約束を取りつけていた。またアルセドは、測量隊が使えるよう、中央広場から数ブロック北にあるサンタバーバラ教区に家を二軒用意していた。どちらの家にも天文観測機器を置くのに適した庭がある。そこに欠けているのはラ・コンダミーヌだけだった。

熱帯雨林の冒険を終えてキトに着いたラ・コンダミーヌは、ベッドを含む彼の荷物のほとんどがカラコルに残されてきたことを知った。ここにあるのは、測量隊がアンデス山脈の反対側に放置した荷物からブーゲが親切にも持ってきてくれた道具箱二つだけだ。さらに悪いことに、貴重な三フィート（約九〇センチメートル）の四分儀はピチンチャの裏の森にある集落に置いてきた。服も道具もない彼は、文字どおりにも科学研究をするうえにも裸だった。ヴェルガンは彼に五〇ペソを貸した。これだけあれば、四分儀を取り戻してノノまで運ばせ、そこで回収することができる。自らを「まともに人前に出られる状態ではない」と判断したラ・コンダミーヌは、測量隊のほかのメンバーとともに暮らすのを断り、中央広場のすぐそば、長官の公邸と隣接したイエズス会の神学校に腰を落ち着けた。一人になった彼は、ペルー沿岸とエスメラルダス川経由のキトまでのルートの探索の記録をつける時間と場所を確保できた。だが、キトでの安定した生活が幻想であることを彼が悟るのに、そう時間はかからなかった。

それぞれの旅を経てキトに集まった彼らのあいだには、共通の目的意識が生まれていた。今ようやく、仮想の三角鎖を作り出す準備が整った。この三角鎖から、赤道における緯度一度の長さを計算できるのだ。これから最初の三角形を設定する大きな谷の地図を作製し、その地図を用いて各三角形の頂点となる互いに目視可能な点を特定する。まずは、最初の三角形の一辺となる基線を設定して長さを測る必要がある。その後、各三角形の辺と辺が成す角度を測定していく。三角鎖全体の長さは、その角度から算出できる。計算自体は単純だが、実際に測定するのは大変だ。大きくよく見える〝測標〟〔測量に用いる標識となるもの〕を高所の地点に置かねばならない。多くは山の頂上になるだろう。二つの測標が三番目の測標（〝観測点〟）から同時に見える場合にのみ、四分儀を用いて角度が測定できる。たいていの場合、観測点のそばに、測量者が晴天を待つあいだ寝泊まりできる野営地を置き、食料を用意せねばならない。

壮大なプロジェクトにおける測量の段階に達したことには、今や全員が同意していた。赤道まではキトから北へラバで一日もかからない。キトから南には山々に挟まれた長く開けた道が延びている。その道はキトからリオバンバまで南に続いており、距離はおよそ一〇〇マイル（約一六〇キロメートル）で、緯度一度よりも長い。しかし最終的な数字をより正確なものにするため、ゴダンとブーゲは緯度三度の長さを測りたいと考えていた。そのためには、三角鎖はリオバンバを越えて山が密集する地域まで入っていかねばならない。キトの北の起点からクエンカの町を越えた南の終点まで、測量すべき総延長は二〇〇マイル（約三二〇キロメートル）以上になる。

この大規模測量における最初の活動は、赤道上で、何より重要な基線に適した位置を探すことだ。三角鎖の北端を定める、地面上の線である。緯度〇度の線は、ラ・コンダミーヌが赤道上の〝パルマール岬《プロモントリウム・パルマール》〟で岩に字を刻んだところから熱帯雨林や山系を通り、キトの北二〇マイル（約三二キロメートル）の火山や谷を越えて、ぴんと張られたロープのようにまっすぐ延びている。ブーゲがキトに到着した次の日、測量隊のメンバー二人が基線の調査に出発した。調査を指揮するのはチーム内で最も経験豊富な測量技師ジャン＝ジョセフ・ヴェルガン。助手を務める若く熱意あふれるジャック・クープレ＝ヴィギエは、測量の最初の役を与えられて胸躍らせていた。彼らは南北方向の長さが少なくとも四〇〇〇トワーズ（約七・八キロメートル）ある平坦な土地を見つけるよう指示されていた。アンデスの山々の中では、それは難しい注文だった。

ヴェルガンとクープレと案内人たちは北へ向かってグアイリャバンバ川の深い峡谷に入り、そこからモハンダという火山の割れた頂上のほうへと登っていった。高度一万フィート（約三〇〇〇メートル）近い地点にはコチャスキの遺跡がある。インカ文明がアンデス地帯に入植した時代よりはるか昔に火山石で作られた、一五のピラミッドが並ぶ場所だ。人類の歴史において、コチャスキは口述により伝えられている。コチャスキの武装女王キラゴは侵略者のインカに敗れて、周辺の峡谷が占領されたという。草に覆われたコチャスキの寺院は赤道上に立っており、天文観測所としても用いられた可能性がある。

寺院の眼下にはマルチングイの村がある傾斜した台地が広がっている。ヴェルガンとクープレがキトを出てから見た中で最も広い、なめらかな地面だった。南に向かって傾く熱い地面を下った二人は、この台地はキトのほうに向かって高度が一三〇〇フィート（約四〇〇メートル）ほど下がっていることを知った。北と西は火山の険しい勾配、南と東は切り立った崖で囲まれている。だが、このマルチングイの台地の南北の長さは三〇〇〇トワーズ（約五・八キロメートル）しかなく、基線としては短すぎた。

彼らはマルチングイから赤道に沿って東に向かい、左手にそびえる火山を下ったところの峡谷を越えていった。やがて大地は平坦になった。インカ族やスペイン人がこの火山の地に来るよりはるか昔に先住民が住み着いていた、カヤンベ平原だ。最初、平原は測量に向いているように見えた。緑の草原の中央に小さな町がひっそりと位置している。しかし、周りの山々からの雪解け水や雨によって平原には二本の深い川と多数の〝ケブラダ〟（鉄砲水が大地を刻んで作った乾燥した峡谷）ができている。カヤンベの平坦な部分はマルチングイ程度の長さしかない。二人はきびすを返し、基線に適した場所は赤道上になかったという知らせを持ってキトに戻った。

キトでは、ゴダンは問題を抱えていた。

ブーゲが再び現れたことで、測量隊内部に新たな枢軸が生まれていた。水路学や海洋学のバックグラウンドを共有するブーゲとスペイン人海軍大尉二人はヴォトゥール号やサン・クリストバル号で共通の関心を育んでおり、今それが再燃したのだ。数学志向の三人組は、サンタバーバラ観測所の庭で観測を行い、キトの緯度と経度に関してより正確な数字をはじき出した。

一方ラ・コンダミーヌはアカデミーの記録に自分のことを書き連ねていた。四分儀がノノから運ばれてくるのを待ちながら、神学校でテーブルに向かい、ペルー沿岸の地図と、エスメラルダス川をさかのぼって山々を越えてキトまでたどったルートの地図を描いた。地図にはブーゲとともに海岸で行った多くの観測の詳細な記録を添付し、フランスに送るためすべての写しを二部作製した。一部はアカデミー用、もう一部はモールパ用だ。

ラ・コンダミーヌが書き留めたエピソードの一つは、弾性樹脂《レジン・エラスティーク》（熱帯雨林の木々から採取される薄い色の樹脂）の発見である。樹液はバナナの葉に集め、しなやかな粘りけが出るまで乾燥させる。この樹脂で松明を作ると、雨の中でも火は消えない。割れない容器に形成して、水やジュースを運ぶこともできる。広い用途に使えるこの自然の素材に、ラ・コンダミーヌは魅了された。樹脂の独特な性質の一つとして、硬い表面に落とすと球状になって弾むというものがある。ラ・コンダミーヌは興奮してアカデミーの友人シャルル・ドゥ・フェイに手紙を書き、樹液の詳細な描写を述べ、サンプルの包みを同封した。ヨーロッパに初めてゴムの実用的な使用法をもたらしたとしてラ・コンダミーヌが称賛されるのは、ずっとあとになってからである。

しばらくのあいだ、ラ・コンダミーヌは神学校で単独活動を行った。神学校の中庭に長さ三メートルの棒を立て、地面に子午線を引いて、晴れた日に正午がわかるようにした。このキトの中庭の日時計《グノモン》も、パルマールで銘を刻んだ岩と同じく、ラ・コンダミーヌが赤道測量から脱線したことを示すちょっとした記念碑である。チームに束縛されない自由な身であるラ・コンダミーヌは、次々と客の訪問を受けた。客の一人は、キトの若きエリート有力者、ラモン・ホアキン・マルドナド・イ・ソトマイヨールである。彼は、キトと海岸をエスメラルダス川を経由して直接つなぐ道を作るというアイデアを押し進めたがっていた。マルドナドにとって、フランスの天文学者が突然キトに現れたのは絶好の機会であり、これを逃すわけにはいかない。ヴェルガンとクープレが北の赤道上で基線を探しているあいだ、マルドナドは非公式な遠征としてラ・コンダミーヌをノノまで連れていった。そこでラ・コンダミーヌは四分儀を回収し、提案された道を自分の目で確かめることができた。火山のあいだを抜け、エスメラルダス川を通って海岸まで通じるルートである。彼はノノを発つ前に四分儀を使って村の場所を調べ、ここが北緯〇度一分ちょうどであることを見出した。キトに戻ったとき、ラ・コンダミーヌは自分が長官から厭われていることを知った。

チームがキトで再集合して以降、シャルル＝マリー・ド・ラ・コンダミーヌは問題視されていた。サンタバーバラ教区の測量隊用の宿舎を拒んでイエズス会の神学校に居を定めたことで、彼はアルセドを苛立たせていた。アルセドはラ・コンダミーヌを、「地球の正確な形を測定するという使命の遂行において別行動を取っている」と非難した。アルセドはまた、ラ・コンダミーヌが無許可でエスメラルダス川をさかのぼってキトまで来たことに腹を立てており、その不品行をペルー副王のビラガルシアに報告した。ラ・コンダミーヌはリーダーとしてのゴダンの顔に泥を塗ってもいた。ブーゲとともに海岸で自由行動を取った数週間で、二人はゴダンよりも多くを成し遂げた。そして今回、ラ・コンダミーヌはマルドナドという有力な仲間を見つけた。ラ・コンダミーヌは制御不能な存在だ。だが彼は、誰の機嫌を取れば有利になるかを知っている。この身勝手な学者は長官の権威を軽んじたことについてアルセドに謝罪し、サンタバーバラの観測所の建物に移った。

基線にふさわしい平地を見つけられなかったのは、ゴダンにとって期待外れだった。基線がなければ、測量隊が支援に値することをアルセドに対して証明できない。六月末には、測量隊が活動を続けるための資金が足りなくなった。ゴダンが期待していたフランスからの手形はまだ届かない。彼にできるのは、リマにいる副王からの返事を待つことだけだった。ついに短い返事が届いたのは七月二一日だった。ビラガルシアはアルセドに、測量隊に関する支出はキトにいる王室の代理人から直接支払われることになる、と告げた。ところがアルセドは既に、自分のアウディエンシアからは一ペソも支払われないとゴダンに明言していた。

測量隊は実質的に破産している。フランスを出て一年二カ月、科学者たちは必要なすべての機器を持って完全なチームの形で赤道地帯に集結していた。足りないのは金だけだった。

シャルル＝マリー・ド・ラ・コンダミーヌはこの瞬間を待っていた。気落ちした測量隊の前で、パリのカスタニエール銀行からの信用状を所有していると発表したのだ。それはおよそ二万ペソの価値があり、ゴダンがカルタヘナ・デ・インディアスで確保した四〇〇〇ペソの信用枠をはるかに上回っている。ラ・コンダミーヌはカスタニエール銀行を通じて、測量隊が任務を果たすのに充分な資金を供給することができる。ただし、これには一つ障害があった。金を確保するためには、ラ・コンダミーヌ自らがリマまで行かねばならないのだ。キトからの往復には、少なくとも三カ月かかる。計画が立てられた。測量隊がある程度の持ち物をキトの商人に売って当面の資金を得ることができれば、一一月に雨期が始まるまでの好天の時期に基線の測定を行えるだろう。その後、ラ・コンダミーヌは雨期のあいだにリマへ行く。ラ・コンダミーヌにとって、これは非常に好都合な計画だった。彼は測量隊の救い主として崇められるうえに、インカ帝国の地を探検する旅に出て、リマで冬を越せる。リマではペルー副王のビラガルシアと親しく交流できるだろう。

この経済的救済計画は驚くほどスムーズに進んだ。あたかもラ・コンダミーヌが前もって準備していたかのように。銀行の貸付に関する条件を記した文書が作られ、ラ・コンダミーヌ、ゴダン、ブーゲが署名した。その後ラ・コンダミーヌの部屋から、驚くほど多種多様な「必要以上に過剰な」品々が現れた。針、弾丸、レースのシャツ数枚、高価なマスケット銃一挺、そして「いくつかの家具」。一人の証人は、ラ・コンダミーヌから直接「輝かしい指輪と、ダイヤモンドで飾った聖ラザロの十字架」を買ったと述べた。のちにラ・コンダミーヌは、測量隊の「主人も召使いも、当面の必要を満たすため、なくてもやっていけるものを売った」と説明した。イエズス会の神学校にいるラ・コンダミーヌの友人が売却の手配をし、測量隊が今後数カ月活動するのに充分な資金が集まった。

九月の初め、彼らは基線探しを再開した。ゴダンは地形的な問題があるにもかかわらずカヤンベ平原を推していたようだ。これが初めてではないが、ラ・コンダミーヌには別の考えがあった。だが、そう言っているあいだにも時間はどんどん過ぎていく。基線について全員が合意できたら、九月一九日の月食を利用して基線の両端の経度を定められるだろう。ラバが借りられた。九月一〇日、ゴダンとブーゲとスペイン人大尉二人はキトを出て、山を迂回して北へ行き、そのあと東に進路を変えてカヤンベに向かった。ラ・コンダミーヌは別行動を取った。

キトを出て二日後、ゴダンの隊はカヤンベ平原南端のグアチャラ農場に着いた。そこでラバから荷物を降ろし、協力的な地主のアントニオ・デ・オルマサと知り合った。彼の所有する建物の一部は、一五〇〇年代にスペインが入植した最初の世代までさかのぼる。ゴダンとブーゲにとっては、初めて赤道上に立つ機会だった。赤道はオルマサの土地で農場のすぐ北を通っている。しかし、確かにヴェルガンとクープレが報告したとおりだった。カヤンベ平原は狭く、二本の川は測量を妨害する。ゴダンとブーゲは、四〇〇〇トワーズ（約七・八キロメートル）以上の直線を引くことのできる平らな土地を改めて探しはじめた。

ラ・コンダミーヌはラバで南へ一日の距離にいた。キトを出て東へ向かうルートを取り、町から谷底まで下りて、険しい道を進む。道は、東の山系の頂上から下ったところの、上部が平らないくつもの尾根と交わっていた。ラ・コンダミーヌは自分の歩くルートを正確に知っていたようだ。ピチンチャの山上からヤルキ平原を見ていたのかもしれないし、新たな友人ラモン・ホアキン・マルドナドからそれについて聞いていたのかもしれない。彼の兄ホセ・アントニオ・マルドナドは、ヤルキに近い昔のインカの町エルキンチェで教区司祭を務めていたのだ。その日、ラ・コンダミーヌはエルキンチェの道路から、緩やかに傾斜する細長い平地を見下ろした。平地の両側と奥は急峻な崖になっている。キトとほぼ同じ緯度だが高度はキトより低く、少し北西のほうに向いている。平原の東側に入り組んだ峡谷《ケブラダ》があることを除けば、ヤルキの平地に障害物はないように見えた。しかも五マイル（約八キロメートル）よりずっと長い。

ラ・コンダミーヌは一刻も無駄にすることなくカヤンベまで足を急がせたが、そこでブーゲが「計画している基線の候補地を見出した」ことを知った。彼らは互いの案を検討した。ブーゲは残念がった。彼は、基線にするには「地面が非常にでこぼこしていることに気づいた」。言われるまでもなく、カヤンベには見込みがなかった。ゴダンすらヤルキを見たがった。ラ・コンダミーヌは、測量隊のリーダーも「この平地について聞いたことがあった」と書いている。ゴダンとブーゲとラ・コンダミーヌは南へ向かい、二日間かけてヤルキの平地を徹底的に調査した。

ラ・コンダミーヌは正しかった。平地の表面はなめらかでなく、北に向かって高度は八〇〇フィート（約二四〇メートル）ほど下がっていたが、その程度の傾斜は許容できる。草原を通り、いくつかの壁を通り抜けてまっすぐな線を引くことができれば、長さ七マイル（約一一キロメートル）ほどの基線ができる。月食まであまり時間がないので、ブーゲ、ラ・コンダミーヌ、ホルヘ・フアン、そのほか氏名不詳の数人の助手は、線の両端の位置を決め、棒を立てて印をつけた。北はカラブロ、南はオヤンバロ。一九日には月食を観測して基線の経度を定める準備が整った。その夜、月はほぼ真上に昇った。だが空が暗くなったとき、彼らの仲間の一人はカヤンベで死の間際にあった。

一八歳の青年は、測量隊がキトを出る前から体調の悪さを覚えていた。それでも、初めての測量にはなんとしても参加したかった。彼は若くて丈夫だ。誰もが、彼はまた元気になると考えていた。ところがキトを出てから一週間後、彼は汗びっしょりで病床に横たわっていた。彼を助けられる可能性のある人々はその場にいなかった。測量隊づき医師のジュシューはキトに戻っており、イエズス会の粉を用いてポルトビエホで患者を治療したラ・コンダミーヌは月食を観察するため遠く離れたヤルキにいる。

カヤンベに近い農場で、アントニオ・デ・ウジョーアは友の意識が遠のいていくのを見つめていた。

この地で、我々はムッシュ・クープレを失った。(中略)確かに彼はキトを出発したとき少々気分がすぐれなかったが、もともとは頑丈であり、測量への熱意は彼が最初の測定を逃すことを許さなかった。ところが到着したとき病状は非常に悪化し、彼はほんの二日で永遠の眠りについてしまった。しかし我々は、彼が模範的な献身によって自らの役割を果たすのを見られてよかったと思っている。彼の病気の性質を誰一人見抜けなかったことを思うと、若い盛りの突然の死はますますもって恐ろしく感じられた。

ジャック・クープレ＝ヴィギエは一七三六年九月一九日に死去した。彼は測量隊における純真な初心者だった。カッシーニのフランス測量に参加した祖父を持ち、南米を探検した天文学者の叔父を持つ、やる気と熱意にあふれる人物だった。のちにラ・コンダミーヌは、彼はチーム内で「最も頑健」だったと記している。人生はまだまだこれからだった。

若きクープレの突然の不在によって、チームに穴が開いた。ルイ・ゴダンは胸を痛めた。そもそもクープレが測量隊に入ることになったのは、ゴダンが探検家である彼の叔父と親しかったからなのだ。ゴダンが悲報をモールパに知らせるのは、それから五カ月後のことになる。これは多難な測量の旅の中でも最悪の出来事だった。測量が始まる前に、人員は一割減ってしまった。一年半のあいだに二人の命と数千リーブルと数千ペソが失われたというのに、まだ基線を引くことすらできていない。クープレの死後数週間、三人のアカデミー会員は最初の三角形の最初の辺を設定することに全精力を注いだ。

ヤルキの基線の両端には、石を埋め込んだ上に高い木製三角錐を立てた。これが測標となる。二つの三角錐のあいだに標識柱が並べられ、地面にくっきりとした線が描かれた。重労働のために地元の労働者が集められた。壁には細い穴を開け、溝は土や石で埋め、木は切り倒し、雑草は刈った。その結果、月末には平原に長さ一一キロメートルの直線が引かれていた。

この準備作業の進行中、ラ・コンダミーヌは志願してヤルキから遠く離れた場所で別の仕事に従事していた。現実志向の地図作製技師ジャン＝ジョセフ・ヴェルガンを伴って再びピチンチャの険しい坂を登り、山頂に石の標識を立てた。ラ・コンダミーヌが少々大仰に「征服不可能と考えられていた」と述べた地点である。頂上の標識は白く塗られ、ヤルキの基線の両端から見ることができる。これが、クエンカまで南に延ばしていく三角鎖を作るための、最初の測標になった。二人は山頂にいるあいだに、今後の観測中に寝泊まりする狭い小屋を建てさせた。

ラ・コンダミーヌが最初の測定に参加するためヤルキに戻ったのは九月二八日だった。測量隊では、今後の年月、科学的に厳格で物理的に労苦の多い作業を行うことを意味する決定がなされた。基線を二度測ることでゴダンとブーゲが合意したのだ。一つの班は北から、もう一つの班は南から測りはじめ、中央地点ですれ違って反対側の端まで測りつづけ、その後結果を比べる。これは、基線の正確な長さを二重チェックする効果的な方法である。また、測量隊の内部崩壊を引き起こす可能性の最も高い二人が一緒に作業せずにすむことにもなる。

それぞれの班には、先端が銅でできた長さ二〇フィート（約六メートル）の棒が三本与えられた。棒を順々に置いていって長さを測るのだ。棒は架台と紐を用いて水平にまっすぐ保つ。湿度や暑さが棒に与える影響は、基準単位として用いるためフランスから持ってきた一トワーズの鉄の棒と定期的に比較して調べる。平原の斜面では、あたかも太陽が向かい合う山系のあいだを跳ね回って息苦しい灼熱地獄を作り出しているかのように感じられた。突然の旋風で砂が舞い上がり、呼吸ができなくなる。ある時には「このような突風に巻き込まれた一人のインディオがその場で死んだ」とウジョーアは記録している。毎日、真昼になると隊員はテントに逃げ込み、気温が下がって測定を再開できるようになるまで避難した。最初のうち、一日に測定できるのはせいぜい二五〇フィート（約七六メートル）だった。二つの班が中央ですれ違ったのは一〇月半ば。一一月初めに、ようやく両班が基線の端に行き着いた。

より高いところにある基線の南端に近いオヤンバロの農場で、二つの班は手帳にびっしり書き入れた数字の計算を始めた。データを比べたところ、七マイル（約一一キロメートル）以上の線の測定で二つの結果の差は三インチ（約八センチメートル）未満だった。

このプロセスにおける最後の段階は、土地の傾斜による数値のずれを測定結果から取り除くことである。数字を調整することで、基線が最も低い地点から水平に延びていると仮定した場合の全長が確定できる。最終的に算出された六二七四トワーズ（約一二・二二八キロメートル）が、最初の三角形の最初の辺の長さとされた。ついに三角測量が本格的に始まったのだ。ここから二〇〇マイル（約三二〇キロメートル）以上にわたって三角形を並べていく。だがそれは、ラ・コンダミーヌがリマへ行き、資金を持って帰ってくるまで待たねばならない。そのあいだ測量隊はキトに駐在することになる。一二月五日、彼らはヤルキの暑い台地を離れ、より涼しい北へと向かった。

一二月五日の地震《トランブルモン・ド・テール》は四五秒間続いた。キトから一〇リーグ(約六四キロメートル)南では、複数の建物が崩壊し、何人かが死亡した。この地震は、測量隊自身の不安定な地盤を連想させる不吉な予兆だった。

隊がオヤンバロで作業しているあいだに、ラ・コンダミーヌ宛の手紙が届いた。長く険しいアンデスの山道を通ってきたラバの隊列の一つが、フランスから測量隊に送られた最初の包みを運んできたのだ。パリから一年かけてペルーに届いたものだ。その荷物に、モーペルテュイが一七三五年九月に友人ラ・コンダミーヌに書いた手紙が入っていた。モーペルテュイが遠征隊を率いて北極圏に赴き「地球の形を決定するのに何一つ欠けることがない」よう緯度一度の長さを測定することになった、と知らせる手紙である。

パリからの知らせは、キトにいる科学者たちのもともと弱い結束力をさらに揺さぶることになった。モーペルテュイは若く革新的な数学者アレクシス＝クロード・クレローを隊員に起用していた。北への航海に出る前、二人は「実用的な天文学研究を行うためムッシュ・カッシーニとともに休暇を過ごしに」行くことにしていた。モーペルテュイは、一七三六年三月にボスニア湾に向けて発つと書いていた。一七三六年一一月にその手紙を読んだラ・コンダミーヌは、モーペルテュイは既に扁長／扁平の議論に決着をつける証拠を持ってパリに戻っているだろうと考えた。遠く離れたペルーにいるアカデミー会員三人には、決定的な数字を最初に持ち帰った者が地球の形について決着をつけた功績を認められることがわかっていた。二番目に戻った隊は、その証拠を裏づける役に回る。測量隊は不安に陥った。南米で目的を見失ったゴダン、ブーゲ、ラ・コンダミーヌは、赤道測量の使命を放棄するか、あるいは測量を続けて自分たちの数字を持ってパリに戻るかを決めねばならなかった。

測量を中止することはできない。モーペルテュイが決定的な数字を持たずに北極圏から戻ったならば、アカデミーは地球の形を知ることができなくなる。そうしたらアカデミーにもフランスにも、アンデス山脈に匹敵するほど山のような非難《メルド》が寄せられるだろう。たとえ、モーペルテュイが北の果てで緯度一度の長さを測定することに成功したとしても、ペルーでの赤道測量で得られた数字は地球の形に関する知識に貢献できる。しかも、測量隊のノートに蓄積している付随的な科学研究結果は既に、モーペルテュイが北極圏で得られるであろう以上の量になっている。アメリカ大陸赤道地帯の希薄で移ろいやすい空気の中、今こそ隊員が心を一つにすべき瞬間だった。

ゴダンは、測量隊は緯度ではなく経度一度の長さを測るべきだと論じた。それを成し遂げるため、キトから海岸に向かって西に延びる新たな測線を引くことを提案した。それによって、測量隊は経度の新たな国際的基準を作ることになり、その基準は世界じゅうの科学者に比較目的で用いられるだろう、とゴダンは主張した。そうすれば、自分たちはモーペルテュイが成しえない測量を行ってパリに戻ることができる。

ブーゲは反対した。キトと海岸のあいだの山や熱帯雨林は測量地として理想的とは言いがたいし、経度測定の手法はあまり正確ではない。二人は対立し、ゴダンが考えを変えないなら自分はプロジェクトから全面的に手を引くとブーゲは言った。これは主に、地球の形を決定する二つの方法の相対的な利点に関する数学上の争いだった。数式をめぐる論争に加わるほどの知識に欠けるラ・コンダミーヌは、傍観者を決め込んでいる。それでも個人的な経験から、キトの西の熱帯雨林を通って測量を行うのがほぼ不可能であることは知っていた。ゴダンは折れようとしない。暫定的な休戦の取り決めがなされた。経度の長さを測定するかしないかを決めるのは、二つの選択肢の下調べをして地図を作製してからにする、というものだ。年が明けたらゴダンは赤道沿いに西へ向かい、経度一度の測定ができる可能性を探る。ブーゲは北に向かい、緯度一度の測定の可能性を確かめる。リマ目指して南に向かおうとしているラ・コンダミーヌは、緯度の議論に貢献できるようキトの南の地形を調査する。アカデミー会員三人は今回もまた、意見の一致は不一致より困難であることを実証しつつあった。

キトでは毎週のように本題から外れた出来事が起こり、三角測量という単純な現実問題はどんどん脇へ追いやられていく。一二月の大半、彼らの注意は二一日の冬至に向けられていた。黄道傾斜(太陽の周りを回る地球の軌道面《=黄道面》に対する赤道の傾斜角)を観測できる機会は、一年に二度しか訪れない。六月二一日の夏至を観測できなかったのは、ブーゲにとって不満だった。当時はキトに着いたばかりで、「いくつかの障害のため遅滞した」からだ。その障害の一つとは、まともな観測所がなかったことである。それから六カ月、太陽が上空の最も南に位置する一二月二一日の冬至への準備は整っていた。これは、モーペルテュイには――というよりヨーロッパの誰にも――与えられない機会だ。測量隊が来るまで、近代的な観測機器を赤道まで持ってきた者はいなかった。そしてブーゲが自慢げに述べたとおり、「黄道傾斜がきわめて正確に観測されるのは赤道付近だけ」なのである。彼らはヨーロッパから「この用途に特化した」機器を持ってきていた。

一二フィート（約三・六メートル）の天頂儀は、イギリスの技術者ジョージ・グラハムが設計して組み立てたものだ。非常に大きく、扱いに注意を要するため、専用の観測所が必要になる。グラハムの天頂儀の本体は長さ一二フィート（約三・六メートル）の金属棒で、その棒に長い望遠鏡が取りつけられている。棒の根元には分度弧が直角についている。分度弧の端のつまみねじを回すことで、棒と望遠鏡を目的の星に向くよう調節することができる。棒の頂点からぶら下がっている尖った鉛錘が、棒と望遠鏡の傾きを分度弧上に記録する。機器全体は、空のほうを向き、垂直方向にも水平方向にも動くように上方から吊り下げられる。そのためには、地上から少なくとも高さ一〇フィート（約三メートル）の梁に取りつけた回転軸から天頂儀を吊るさねばならない。観測所の屋根には穴が開いていて、望遠鏡で夜空を観測することができる。星を見るには、測量者は床の上で体を後ろに傾け、顔を望遠鏡の調節可能な接眼レンズに押しつける。もちろん、観測が可能なのは雲のない夜だけである。

天頂儀がサンタバーバラの観測所に設置され、ゴダンとブーゲとラ・コンダミーヌは冬至が近づくのを見守った。一九日と二〇日の空は曇っていたが、二一日にはなんとか黄道傾斜を観測できた。

彼らは二七日まで天頂儀から離れず、その後パリのアカデミーに向けた報告書をまとめた。三人は来年の予定を立てた。六月の夏至にも観測を行い、そのあと三角測量を開始する。それまでに、ラ・コンダミーヌは金を持ってキトから戻っているはずだ。

三人が観測所にこもっているあいだ、外界では緊張が高まっていた。一七三六年末でアウディエンシアの長官としてのアルセドの任期は終了し、それに伴いキトの二つの支配層間で権力争いが起こった。これは測量隊にとって望ましくない展開だった。アルセドは虚栄心があり、無慈悲で、政治的に腐敗しており、健全な人間とは言いがたかったが、それでも測量隊の科学的研究を妨害はしなかった。彼はスペイン生まれのチャペトン階級のリーダーであり、その階級の主要人物には測量隊の友人も含まれている。そこにはキトのイエズス会士もいた。ホルへ・フアンとウジョーアが滞在しているのはバルパルダ・イ・ラ・オルマサの家だ。王室の金庫番、王室づき弁護士、そしてアルセド率いるチャペトン派閥での有力者である。一方、次期長官は厄介な人物に思えた。ホセ・デ・アラウージョ・イ・リオは現地に生まれた、リマの商人の息子で、法的教育と貪欲さを発揮して二万六〇〇〇ペソでキトの長官の座を買っていた。法外な金額ではあるが、アラウージョはキトの長官の座につくことにより、家族や友人のネットワークを組織してスペイン領の南米への入国港を支配した。一二月二六日、彼は密輸した絹、磁器、ワイン、銀を入れた一三〇の木箱を積んだラバの隊列の先頭に立ってキト入りした。キト生まれの人々は長官の交代を待ちわびていた。アラウージョはフランス人科学者の存在を喜んでおらず、測量隊も彼に反感を抱いた。

明けて一七三七年、測量隊は不安定な立場にあった。ライバルは北極圏に遠征しており、自分たちははるばるペルーまでやってきた目的が経度の測量か緯度の測量かを決められずにいる。ゴダンのリーダーとしての権威のわずかな名残は、アンデスの風に吹き飛ばされてしまった。今後の活動資金は、ラ・コンダミーヌが紙をペソに交換するためのリマまでの四〇〇〇マイル（約六四〇〇キロメートル）の往復旅行から無事に生還するかどうかにかかっている。アラウージョのキト赴任に伴って、残念ながら困った状況が生まれていた。資金調達のため売却した測量隊の持ち物に密輸入品が含まれているのではないかという疑念が、リマにいる副王に伝えられたのだ。ラ・コンダミーヌがリマへの旅支度をしているとき、彼への告発が準備されていた。測量隊のスペイン大尉の一人が長官の側近を殺したのは、そんな時だった。

その殺人の種は二年前に蒔かれていた。一七三五年、カルタヘナ・デ・インディアスにいる測量隊と合流する予定のスペイン戦艦二隻に積み込むため、パリからカディスまで科学機器が移送されていたのだが、その木箱四個のカディス到着は間に合わなかった。機器がようやくキトで測量隊に追いついたとき、グアヤキルからラバで運んだ費用として二〇ペソという高額が請求された。訪問中の科学者を苛立たせる絶好の機会と見たキトの新しい長官は、運送費を支払わないよう出納係に指示し、機器を没収した。

測量隊の熱血漢の一人はすぐさま反応した。同じ屋根の下で生活しているホルヘ・フアンとウジョーア、そして王室づき弁護士バルパルダには、それぞれアラウージョの行為に異議を唱える理由があった。バルパルダはキトの保守的なチャペトン派閥に属しており、新しいクリオヨの長官とは気が合わなかった。ホルヘ・フアンとウジョーアは、腐敗した役人が国王の指示にさからっていると考えた。キトのアウディエンシアの長官は、科学機器を没収することで、測量隊を「支援して手助けし、彼ら皆に友情と礼儀を示し、誰一人として乗り物や労働の対価として彼らに現在の価格以上を請求しないように」というスペイン国王からの命令に背いていたのだ。二〇ペソという金額は法外であり、国王の指示への違反でもある。

ウジョーアはまずペンによる攻撃を始めた。長官に〝殿《ブエストラ・メルセッド》〟という敬称を用いた。目上ではなく同等の者に対して用いる表現だ。予想どおりアラウージョは侮辱されたと感じ、若いスペイン大尉に宛てて、自分を〝閣下《セニョーリア》〟という敬称で呼びかけることを求める手紙を返した。激怒したウジョーアは無理やり長官の居所に入っていき、広場まで聞こえる声で痛烈な非難を浴びせた。プライドを傷つけられたアラウージョはウジョーアの逮捕を命じた。翌日、武装した民兵部隊が広場でウジョーアとホルヘ・フアンの前に立ちはだかった。ウジョーアは壁に叩きつけられ、アラウージョの側近はキトで最も危険な男性二人の前で拳銃を抜くという致命的な過ちを犯した。ホルヘ・フアンは片方の手に火打石銃、もう片方に剣を持って民兵に立ち向かい、うち二人に傷を負わせた。一人は長官の側近だった。彼はゆっくり死んでいった。

測量隊のメンバーが長官の側近を殺したのは、赤道調査の将来にとって不都合なことだった。大尉二人はイエズス会の神学校に逃げ込んだ。一週間身を潜めたあと、ホルヘ・フアンは午前二時に小さな窓から脱出し、キトを出て南に向かった。

今や赤道測地測量隊の成否は、赤道から離れていく気まぐれな人間にかかっている。

ラ・コンダミーヌは通常のルートを取らないことにしていた。ラバがよく通る道をたどって山越えしてグアヤキルへ行き、そのあと沿岸を航海してリマのカヤオ港に向かうのではなく、ずっと陸上を進むことにした。彼はアンデス山脈沿いに二〇〇〇マイル（約三二〇〇キロメートル）を超える移動を試みた初のフランス人となった。持ち物は厳選した書物、羅針盤、四分儀、振り子、そして気圧計。彼の回想録に随行員の名前は記されていないが、召使いと案内人が含まれていたのは間違いない。陸上の旅は興味深いものになることが予想された。最初の二〇〇マイル（約三二〇キロメートル）は測量で通る予定の道をたどるつもりだ。そうすれば、自分の目で地形の性質を確かめられる。特に関心があったのは、リオバンバの南の困難をもたらしそうな山々と、測量隊が南の基線を設定しようと考えているクエンカ周辺の地形である。北の基線を引いたヤルキと同様の平坦な土地が必要だ。とはいえラ・コンダミーヌはいつものように、本務以外の調査も計画していた。道中、「目立つ地点の緯度を測定し」、地図を描き、失われたインカ世界への興味を追求する。また、イエズス会の粉の原材料を探すという目論見もあった。

リマへの総距離は四〇〇〇リーグ（約二五〇〇キロメートル）と推定されていた。最初のうちは一日に一〇リーグ（約六四キロメートル）以上進むことができたが、リオバンバの南は山が密集していて平坦な道路はほとんどなく、「順調な日」でも進めるのはせいぜい七リーグ（約四五キロメートル）だった。クエンカを越えた数日後、小規模な隊はロハの町に到達した。町の二リーグ（約一三キロメートル）南、西の山系に向かう森に覆われた山腹で、ラ・コンダミーヌはついにキナノキを発見した。彼は測量隊の医師ジョセフ・ド・ジュシューが用意した覚書を持っていた。三日間、ラ・コンダミーヌはリマへの急ぎの旅を中断してキナノキの生育状況を調べ、説明や絵でノートのページを埋めた。

その後山々のあいだを縫って急いで南に向かっていると、昔の王族の宿泊所〝タンボ〟や、かつて要塞や寺院だったらしき廃墟が見えた。アンデスのこの地域は、消滅したインカ帝国の北端に当たる。近辺の遺跡は、はるか南のクスコにあると言われている遺跡ほど立派ではないものの、貪欲なフランス人収集家の興味を引くには充分だった。ラ・コンダミーヌの鞄は人工遺物でふくれた。「古代ペルー人による貴重な芸術作品や、自然が生んだ種々の希少なもの。（中略）小さな銀の偶像数体、同じく銀で作った筒形の壺一つ、壺の高さは八、九インチ（約二〇～二三センチメートル）で直径は三インチ以上（約八センチメートル）、顔が浮き彫りされている（後略）」。この精妙な銀の器は「紙二枚ほどの薄さで、側面は（中略）台の上に直角に立っているが、接合した形跡はまったくない」。ラ・コンダミーヌにとって、こうした遺物は超大国の侵略部隊によりペルーの地から一掃された世界を垣間見せるものだった。彼は、リマを越えて南東の山中にあるインカ帝国の古都クスコまで行きたいと切に願った。しかし「一八〇リーグ（約一一五〇キロメートル）もの悪路」を思うと「この計画は放棄」せざるをえなかった。

キトを出て六週間後、ラ・コンダミーヌはリマに入った。通行許可証と数通の紹介状を振りかざして副王の宮殿に入り込むことができ、三カ月近く滞在した。とはいえ、測量隊の資金を確保するのは予想以上に難しかった。最初に接触した相手は、信用状を現金化することができなかった。リマにあった現金のほぼすべてが、ガリオン船でパナマに運ばれていたからだ。そのため、ラ・コンダミーヌは怪しげな金に頼ることを余儀なくされた。当時、リマにはイギリスが設立した南海会社のパナマの代理人トーマス・ブレチンデンが滞在していた。彼は債務の取り立てのためリマに来ており、自分の現金をぜひ信用状と取り替えたいと言った。ラ・コンダミーヌは一万二〇〇〇ペソを受け取り、ブレチンデンは引き換えに六万リーブルの信用状を持って帰った。彼はそれをカディスかパリで現金化することになる。その条件は「悪いものではなかった」とラ・コンダミーヌは記した。ブレチンデンは年季の入った奴隷商人であり、辣腕家だった。一〇年前、彼はポルトベロで奴隷の密輸をしたとして会社の取締役会に呼び出されていた。南海会社の代理人の多くは盗みや密輸にかかわっており、ブレチンデンは資金洗浄のためラ・コンダミーヌを利用した可能性がある。ブレチンデンからすれば、この交換は合理的で安全な措置だった。祖国からはるばる遠くまで来た彼にとって、信用状は大量の現金を持ち歩くよりも危険が少なかったのだ。

ブレチンデンとの取引に加えて、ラ・コンダミーヌは測量隊の資金を増やすため副王にさらなる信用貸しを求めた。ビラガルシアは以前ゴダンの要求を断っていたが、ラ・コンダミーヌはサン＝ピエール公爵夫人からの手紙を携えていた。夫人の家族はスペインに外交的人脈を持っている。副王はこの件を財務評議会にかけることに同意した。最終的にラ・コンダミーヌは四〇〇〇ペソの信用貸しを承認してもらったが、その複雑な手続きのために新たな脱線をすることになり、それは四〇〇〇ペソではあがないきれない時間と面倒を測量隊にもたらすことになる。ラ・コンダミーヌは、この資金援助申請は彼に課せられた試練だと解釈した。財務評議会が集まるのは「特別な場合」だけであり、長々しい証言や法的書類のおかげで自分は「初めて弁護士の仕事で見習いを務める」ことになったと考えた。以来、ラ・コンダミーヌは自らを兵士、科学者、探検家、人類学者とした多彩な経歴に〝弁護士〟も付け加えられるようになった。この先、経歴のリストはさらに長くなる。そして脱線のリストも。

リマにいるあいだに、ラ・コンダミーヌはキトを発ってから収集した品々をトランクに詰め込んだ。偶像や壺、貝殻や香草、「インカの言語の辞書と文法書」、それに「瑪瑙の中で化石化した重さ二ポンド（約九〇〇グラム）の臼歯」などだ。荷物だけを送るのは賭けではあるが、キトからよりリマからのルートのほうが危険は少ない。五月一日にスペインの快速帆船が「一七三二年のガリオン船団の資金」を積んでカヤオから出航する予定だった。そのような価値のある荷物と一緒なら、トランクも安全に守られてパナマまで送られるだろう。パナマでイギリスの仲買人が地峡を縦断した先のカルタヘナ・デ・インディアスまでトランクを送り、うまくいけばトランクはヨーロッパに向かうスペインの船に無事に積み込まれるはずだ。トランクの宛先はカディスのフランス領事にした。

ラ・コンダミーヌのリマ滞在は二つの意外な出来事のために長引いた。まず、彼は自分がキトのアウディエンシアの長官から密輸のかどで告発されていることを知った。長官は、彼がイエズス会の神学校を違法な取引の場に利用した証拠を提示していた。「不適切な時間に」客が出入りするところが目撃されているという。ラ・コンダミーヌは「禁制品を持って」リマに逃亡したともされていた。その告発のため、リマの判事の一人が彼の部屋に押しかけて鍵を開けさせ、あらゆる持ち物を調べた。捜索の報告書はキトに送られた。

二つ目の意外な出来事は、リマに突然ホルヘ・フアンが現れ、アラウージョの側近を殺したと告げたことだった。測量隊のさまざまな記録の中で悔恨の意というものが述べられることはめったになく、この件をラ・コンダミーヌは「ホルヘ・フアンと長官との個人的な事件」とのみ記している。フランス人科学者とスペイン人大尉は統一戦線を組み、この事件への理解を副王に求めた。測量隊にとって幸運なことに、ホルヘ・フアンとビラガルシアは旧知の仲だった。ヌエボ・コンキスタドール号での大西洋横断航海で親しくなっていたのだ。のちに測量隊の活動記録をつける中で、ウジョアは殺人事件に触れず、単にホルヘ・フアンは「ペルー副王と相談して、新たな長官とのあいだに起こった些細な不和に関して友好的に決着をつけるため」キトに赴いたとだけ記した。測量調査を最後まで行うことに対する副王の支持を取りつけたラ・コンダミーヌとホルヘ・フアンは、カヤオから船でグアヤキルへ向かい、六月二〇日、夏至の前日にキトに戻った。

ラ・コンダミーヌとホルヘ・フアンが金を持って戻ったことで、測量隊は再び活気づいた。ジュシューすら高揚した。測量が中断しているあいだに、彼は友人である外科医のセニエルグを失っていた。セニエルグは私的医療で儲けるため陸路でカルタヘナ・デ・インディアスへ行ってしまったのだ。それまで塞ぎ込んでいたジュシューは、ロハのキナノキについてラ・コンダミーヌが話すのに熱心に聞き入り、同僚の発見について四ページの報告書をしたためた。

ラ・コンダミーヌとホルヘ・フアンがリマにいるあいだに、測量隊のリーダーシップはゴダンの手からさらに遠のいていた。経度一度を測定するというゴダンの決意はいつの間にか消えてしまい、キトの西の赤道の地図作製に向けた調査は行われていなかった。三月にパリのモールパからの手紙が届いていたことをブーゲとラ・コンダミーヌが知ったのは、ずっとあとになってからだった。その手紙でモールパは、経度一度を測定するのはあきらめるよう指示していたのだ。ゴダンはこの手紙のことをブーゲに話していなかった。驚いたラ・コンダミーヌは、方針転換は「ゴダンが受け取った命令」のせいなのか、あるいは「その前から既に考えを変えていて」今は緯度一度の測定を支持しているのだろうか、と訝った。

精力的に活動を続けていたのは、ブーゲと測量隊の地図作製技師ジャン＝ジョセフ・ヴェルガンである。ブーゲはキトの北の砂利道を苦労して行き来し、最初に測量する土地の詳細な地図を作っていた。彼の目的の一つは、各三角形の頂点を定めるという非常に重要な課題だ。すべての頂点は、隣接する三角形の頂点から互いに目視可能でなければならない。五月にブーゲがキトに戻ると、ヴェルガンはキトとリオバンバ間の観測点に対応した地図を作るため南に向かった。六月に帰還したとき、測量ルートの北半分の地図はできていた。この地図作製の二回の遠征は、今後行う測量に不可欠な準備作業だった。

ヨーロッパを発って二年、地球の形を決定する測量を始める用意は整った。ようやく、緯度三度以上にわたる全長二〇〇マイル（約三二〇キロメートル）の三角鎖を設定して測定するのに必要な資金、機器、地図、熟練した人員を揃えて、赤道に立つことができたのだ。

三角測量は古くからの測量法である。三角形の一辺の長さと二つの頂点の角度がわかれば、残る二辺の長さは計算で求められる。最初の三角形に次々と三角形をつなげていくことで、地域全体が――国全体でも――三角網によって地図で表せる。三角測量に関して初めて印刷された論文は、一五三三年、フランドル地方の出版社が出した冊子に掲載されたものだ。そこで地球儀製作師ゲンマ・フリシウスは、最初の三角形の基線をどう設定するかや、教会の塔など目視可能な頂点を選べば連続した三角形の頂点の角度を測定できることを述べた。カッシーニ父子はフランス全土に三角網を設定し、それによって初の詳細で正確な全国地図を作った。赤道測地測量隊が頂点として教会の塔の代わりに利用しようと考えているのは山だった。

正確に三角形を描いて測る作業を繰り返しさえすれば、三角測量は行える。しかし、アンデス山脈地帯でそれを実行するのは非常に困難である。測量隊はキトを出てヤルキの基線から始め、三角形の頂点として山頂に置かれた測標を用いながら、東西の山系に挟まれた道に沿って南へ向かう。それぞれの測標のところに観測点を設置し、三角形のほかの二測標との角度を測定する。多くの場合、道路もなく、非協力的な人々が住む、極端に暑かったり寒かったりする地域で活動することになる。高い観測地点では、山を覆う雲に常に悩まされるだろう。これが二つの部分に分かれた調査になることはわかっている。キトからリオバンバ付近の中間点までは、三角鎖は平行に走る二つの山系に挟まれた長く広い平野におさまり、山頂を三角形の頂点に利用できる。ところがリオバンバから南では二つの山系が接するため、自然の通路は巨大な山塊のあいだを縫う複雑な道となる。測量の後半はきわめて困難な地形で行われるだろう。頂点同士の距離は非常に長くなり、互いの連絡は取りにくくなる。予備的な地図から考えると、キトとクエンカ間を子午線に沿って測量するには三〇個の三角形が必要になると予測された。

三人のアカデミー会員は、測量方法について合意していた。ヤルキでの基線の測量に用いた二重チェックの手法を今回も採用し、二つの測量班に分かれる。グループを率いるのは、科学者や測量者として最も優秀な者たちだ。ゴダンにはホルヘ・フアンが同行する。ブーゲにはラ・コンダミーヌとウジョーアが同行する。各班にはそれぞれ、前もって測標を設置し、テントや食料や機器の輸送を手配する支援チームがつく。ゴダン班につくのはユーゴーとゴダン・デ・ゾドネ、ブーゲ班と行動をともにするのはヴェルガンと、ブーゲの召使いグランジエール。物理的な重労働を担うのは――いつものとおり――測量隊に付き添う無名の召使い、奴隷、そして地元の運搬人たちだ。セニエルグがカルタヘナ・デ・インディアスへ行ったきり戻ってこないので、測量隊の健康管理は陰気なジュシューが一人で受け持つことになる。

八月初旬には最終的な準備作業が行われた。四分儀を再確認した。羅針盤や望遠鏡や地図やノートを用意した。テントを梱包した。食料を買った。ラバ追いを雇った。八月一四日、ブーゲ班はキトを発ち、ピチンチャ山頂の測標へ向かった。一週間後、ゴダン班はキトを出て、ヤルキの基線の両端に置いた測標へ向かい、その後は東の山系にあるパンバマルカ山を目指す。いよいよ測量が本格始動したのだ。

X

アントニオ・デ・ウジョーア・イ・デ・ラ・トーレ＝ギラルは山腹で意識を失って倒れていた。「私は転んだ」のちに彼は記している。「そして長時間、感覚を失い動くこともできずに横たわっていた。見るからに死んでいるようだった、と言われた」

二一歳の海軍大尉は、ブーゲ、ラ・コンダミーヌ、召使い、運搬人五人とともにキトを出て、前年にピチンチャ山頂に設置されていた小屋と測標を目指して登っていた。

低地の緩やかな斜面ではラバが測量者と機器を運んでいたが、高さを増すにつれて火山の側面は険しく岩がちになり、彼らは徒歩で登ることを余儀なくされた。ラ・コンダミーヌは順調だった。彼はピチンチャに登ったことがあったし、危険を恐れていなかった。以前は船酔いでひどく悩まされたブーゲも、力強く登っていた。だがウジョーアは苦しんでいた。彼は船乗りであり、山男ではない。ごつごつした地面や目もくらむような高さは、海で遭遇したどんなものとも似ていなかった。しかも冷たい空気はあまりに薄く、彼はゼーゼーと息をあえがせつづけた。

班を二つに分けることになった。召使いと運搬人は機器とともに残り、ブーゲとラ・コンダミーヌとウジョーアは山頂まで登りつづける。はっきりした道はなく、三人は岩屑やぎざぎざした溶岩を越えて這うように上に向かった。一歩ごとに呼吸は荒くなる。急峻な崖では足を取られそうになる。そんなときウジョーアが転倒したのだ。

ブーゲとラ・コンダミーヌにとって、測量隊の一人がまたしても死の縁にあるなど考えられないことだった。しかも、ウジョーアは測量を成功させるのに不可欠な人材だ。方向感覚と機器の扱い方に優れている彼は、測量隊の科学目的に寄与する中心人物となっている。ウジョーアと少し年上の同国人ホルヘ・フアンが仲介役を務めてくれるからこそ、フランス人科学者たちはスペイン植民地で活動できる。スペイン語を話し、剣も銃も巧みに操れるウジョーアは、測量隊にとっての護衛でもある。

ウジョーアは意識を取り戻したものの、これ以上登ることが無理なのは明らかだった。彼は苦労して岩壁を下り、比較的なだらかな地面にいる召使いや運搬人に加わって一夜を過ごした。それでも翌朝には立てるようになった。再びもがきながら火山の崖を登り、なんとか山頂までたどり着くことができた。

ピチンチャ山頂はまるで針の先だった。ラ・コンダミーヌは以前から知っていたが、ウジョーアは愕然とした。「こうした居心地の悪い地域で雨露をしのいで寝泊まりするのに、最初は野外用テントを立てる計画だった（中略）が、ピチンチャの山頂は狭すぎるためそれは不可能だった。我々は、這って潜り込まねばならないほど狭い仮の小屋で満足せざるをえなかった」。この木と獣皮でできた小さく原始的な小屋で、天候がよくなるのを待って暮らさねばならない。岩々の隙間に小さなテントが立てられ、五人の召使いはそこに体を押し込んだ。雇われた運搬人は山のもっと低いところの洞窟で眠ることにした。

空が晴れれば、観測は一日で終えることができる。しかし火山の崖という局地的な気象条件により、予想外の風や雪や霧が襲ってくることもある。ブーゲは自分たちの置かれた状況を次のように述べた。

常に空が雲に覆われているため、視界は雲によって完全に遮られ、自分が足を置いている岩の先端しか見えない。空の様相は半時間のあいだに三、四回変わることもある。晴れたと思ったとたんに嵐になり、次の瞬間、すぐそばで耳を聾する大きな雷鳴が鳴り響く。波が海の砂に打ちつけたときと同じように、岩が轟くのである。

海で無数の嵐に遭って生き延びてきた若きウジョーアも、山の天候には啞然としていた。

霧が晴れると、重力に引かれて雲が地表に近づき、山の四方を遠くまで取り囲み、雲海ができる。岩は海の中央にぽつりと浮かぶ島だ。そんなとき、嵐の恐ろしい音が聞こえ、キトの周辺に豪雨が降り注ぐ。雲から稲光が発し、はるか下で雷がうなりをあげる。低地が雷と雨に襲われている一方で、山頂の我々は穏やかな快適さを味わった。風はやみ、空は晴れ、明るい太陽光は厳しい寒さを和らげる。ところが、雲が上昇するや状況は一変する。分厚い雲に包まれると呼吸は困難になる。雪や雹が絶えず降りつづき、風は激しく吹きつける。小屋とともに崖から吹き飛ばされたり、終日降り積もった氷や雪に埋もれたりするのではないかという恐怖を、完全に克服することはできない。

小屋では、三人は敷き藁の床に横たわり、体を暖かくしておこうと努めた。食べ物は茹でた米に少量の牛肉か鶏肉。あまりに寒いため、熱い炭の上で温めた皿に載せておかないと食べ物は凍りついてしまう。飲み水には氷や雪を溶かして用いた。毎朝、運搬人が洞窟を出て山頂まで登り、小屋の前の雪をかき分け、獣皮を二重に張った扉を留めている革紐をほどき、煙の充満した小屋からヨーロッパ人三人を解放した。

天候が許す限り、ブーゲとラ・コンダミーヌとウジョーアは小屋を出て短い散歩で手足に血液を循環させた。大きな石を崖から転がし、はるか下方で響く衝撃音に聞き入って、暇つぶしをした。「我々はたいてい小屋にこもっていた」ウジョーアは振り返った。「厳しい寒さ、激しい風、七、八歩前のものも見分けにくいほど深い霧のために」。轟く風の中、ブーゲは船の設計に関する自らの論文を読み直した。彼らは日誌を更新し、ゴダンに手紙を書いた。その手紙が八リーグ（約五〇キロメートル）先のパンバマルカ山頂のテントに届くには少なくとも二日はかかるだろう。彼らは気温の記録をつけ、ようやく「考えられうる限りのあらゆる困難を乗り越えて」精密で調整可能な振り子の設置に成功した。一秒間隔で時を刻む振り子の長さは海岸でのときより「三六〇〇分の一ライン［一ラインは約二・一ミリメートル］」短い、とブーゲは記している。ラ・コンダミーヌにとっては、その結果よりも、振り子による測定が「史上最も高い地点で」行われたという朗報のほうが重要だった。彼らは渦巻く冷たい霧の中に頻繁に顔を出し、雲の切れ目がないかと調べた。晴れれば急いで四分儀を取ってくるのだが。一夜ごとに、彼らは衰弱していった。小屋の内部では、冷たい闇の中に咳の音が響いた。

　小屋の三人があまり人種的偏見を持っていなかったなら、雇った者たちから貴重な教訓を得ることができたかもしれない。一七三〇年代のヨーロッパでは、高度が人体に与える影響はほとんど知られていなかった。高度八〇〇〇フィート（約二四〇〇メートル）を超えると、たいていの人間は酸素の欠乏に苦しむ。いわゆる〝死の地帯《デスゾーン》〟にいると、頭痛、吐き気、眩暈、呼吸困難、倦怠感は一分ごとに激しくなる。高度が上がって酸素が薄くなるとともに、脳はむくむ。錯乱したり幻覚を見たりすることも多い。症状が出たらすぐ高度が低いところに戻らないと、脳浮腫や肺水腫になり、死に至ることもある。小屋があるピチンチャ山頂の高度はおよそ一万五四〇〇フィート（約四七〇〇メートル）。地元の農夫や牧夫は高度九〇〇〇フィート（約二七〇〇メートル）の孤立した集落や小屋で寝泊まりすることに慣れていて、体は高度に適応している。そして、高所での日中の活動が体に及ぼす悪影響は毎晩低地に下りて眠れば和らげられることを、ヨーロッパ人よりはるかによく知っている。ピチンチャ山腹の洞窟で野営し、毎朝山頂に登ってヨーロッパ人の手助けをする運搬人たちは、「高地で働き、低地で眠れ」という習慣を実践していた。ブーゲ、ラ・コンダミーヌ、ウジョーアは、山頂で眠ることによって、自らを、そして使用人をも、じわじわと死に追いやっていたのである。

時間の経過とともに、彼らの足はむくんで弱っていき、暑さは耐えがたくなり、歩行には「とてつもない痛みが伴った」。手は凍瘡だらけになった。唇はひどく割れ、「話すなど、どんな動きをしても血が出た」。来る日も来る日も、彼らは雲に切れ目ができることを祈っていたずらに外の闇を覗き込んだ。ピチンチャ山上では、霧が晴れるたびに雲が覆い、四分儀で観測すべき測標の一つあるいは両方を隠した。それでも、少なくとも一度は、ゴダンとホルヘ・フアンのいるパンバマルカの測標が望遠鏡で小さな白い点として明瞭に見えた。

山頂の小さなテントにいる召使いにとっても、生活はほとんど耐えがたいものだった。彼らは血を吐き、具体的な部位は記されていないが「猛烈な痛み」を味わうようになった。ウジョーアによると、彼らの手足は「凍瘡に覆われ尽くし、動くくらいなら死ぬほうがましだと思うほどだった」。ピチンチャ山に来て五日後、運搬人は科学者たちを起こしに小屋まで来なかった。五人のうち四人は山を下りることにしたのだ。残った一人がようやく山頂まで登って、小屋の扉を開けてくれた。その運搬人は、代わりの運搬人を求めるコレヒドール宛の手紙を届ける任務を負ってキトに派遣された。交代要員がピチンチャ山頂に来たが、やはり二日後には逃げていった。最終的に、より人間的な解決策が取られた。一人の監督が四人の運搬人を管理し、運搬人は三日働いたら一日山を下りて休む、というものだ。

三週目には、状況は絶望的になっていた。不調の主な原因について誤解していたものの、ヨーロッパ人三人は、肉体的にも精神的にも山を下りられなくなるほどの衰弱状態に近づきつつあることを自覚していた。「ブーゲ氏の健康状態は悪く」ラ・コンダミーヌは記した。「休息を必要としていた」。山頂で二三日間過ごしたあと、三人と召使いは助けを借りて火山を下り、酸素の豊富な楽園キトに戻った。

科学に〝失敗〟はない。ピチンチャでの体験は、解決策を生むための実験だった。彼らはキトに戻ると新たな計画を立てた。ピチンチャの測標をもっと高度の低い場所に移動させることにしたのだ。雲量が少なく、寒さや風や雪にさらされず、下方の平地まで戻りやすいところに。

一方、もう一つの班はもっと順調なスタートを切っていた。ヤルキの基線の両端にある最初の観測点での作業を一週間もかからず終えたあと、エルキンチェを通って東の山系とパンバマルカの岩壁に向かった。丸みを帯びた山頂が波のように並び、城砦の崩れた廃墟が点在している。パンバマルカはピチンチャより二三〇〇フィート（約七〇〇メートル）低く、ラバで登ることができる。寒く、風は強かったが、九月一日には必要な角度の数字でノートを埋めることができた。ところがそのあと、事態は悪いほうに向かいはじめた。

エルキンチェに戻ったゴダンは、次の山頂の観測点に行くため改めて運搬人を雇おうとした。キトの一六マイル（約二五キロメートル）北にある西の山系だ。ところがいくらペソを積んでも、地元民は「つい最近パンバマルカで苦労したため、やる気をなくして」いた。彼らは次がどんなに大変か知っていたのだ。ヴェルガンが〝タンラグア〟と地図に記した山は、隣のピチンチャと同じくらい険しく思えた。現在ロマ・ラ・マルカと呼ばれているタンラグアは、北へ延びる道路に沿った、先端の尖った白い山だ。高度は一万フィート（約三〇〇〇メートル）余りだが、一〇〇〇年にわたる風化により、この古い溶岩ドームは登攀困難な尖頭になっていた。あまりに急峻で、岩はぐらついており、ラバで登ることはできない。エルキンチェじゅうの強壮な男性は皆忽然と消えてしまい、「アルカルデと聖職者が協力して彼らを見つけようとしたが徒労に終わった」とウジョーアは振り返った。エルキンチェの人々はスペイン人に不信感を抱いていた。その二〇〇年前、コンキスタドールの将軍セバスティアン・デ・ベラルカサルは、スペイン軍との戦いのため町の男たちが不在なのを知り、見つけた女性と子どもを皆殺しにするよう配下の兵士に命じたのだ。

エルキンチェの反乱は、赤道測地測量隊が地元の協力なしでは機能できない者たちの集団であることを改めて明らかにした。地元民は、扱いにくく重い荷物を遠くの山頂まで運び、ヨーロッパの科学のために命を危険にさらしてくれる、名もなき労働力だ。権力を持つ入植者を優遇する支配体制において、力を持たない者は安上がりの道具にすぎない。ホルヘ・ファアンは憤慨を込めて、エルキンチェの「最下層の住民は」タンラグアに登るよりも「住まいを捨てて逐電した」と記している。

二日間、ゴダンとホルヘ・フアンはエルキンチェで足止めを食った。労働者を雇えないため、機器、テント、鞄、食料を運ぶことができず、調査を続けられなかったからだ。結局、神父が気乗りしない教会堂番人と教会の雇用者を説得して、タンラグア山麓の農家まで測量隊の荷物を積んだラバに付き添わせた。彼らは九月五日に到着した。

地元の運搬人たちは重いマルキーズ、鞄、機器を背負い、六日に登りはじめた。荷物のないゴダンとホルヘ・フアンは、その日のうちにタンラグア山頂に到達した。疲れきった彼らは、運搬人たちがまだ半分ほどしか登れていないことには気づきもしていなかった。ヨーロッパ人二人と召使いは星空の下、「厳寒の中で」夜を過ごした。朝には体が冷えきっていて、もう少し気温の高いほうへ下りるまで手足を満足に動かすこともできなかった。空は晴れているにもかかわらず、望遠鏡を覗いても測定すべき測標は見えなかった。それらは「風に飛ばされたか、あるいはインディオの牧夫に持ち去られたか」していたのだ。彼らは角度を測定できずにキトに戻った。

九月半ば、ブーゲとラ・コンダミーヌとウジョーアは再びピチンチャに赴き、山頂から一三〇〇フィート（約四〇〇メートル）ほど下方に野営地を設定した。気象条件は山頂ほど厳しくなく、キトに行くのも困難ではなかったものの、相変わらず雲や嵐に悩まされた。一一月七日、彼らは必要な観測をすることなく撤退してキトに戻った。

三カ月のあいだ吹雪や風や寒さや雲と格闘したあげく、両班ともキトとクエンカ間に設定する三〇個の三角形のうち一つも完成させられなかった。はるかに多くの時間が、測量よりも生存に費やされていた。
それでも彼らは屈しなかった。一二月、ブーゲとラ・コンダミーヌとウジョーアはみたびピチンチャへ行き、前回と同じ低い観測点から必要な観測を行うことに成功した。二〇日にはゴダン班がタンラグア山麓の農場まで行って、そこから徒歩で四時間登りつづけた。七日後、彼らも必要な角度の測定を終えた。彼らは山での暮らし方を習得しつつあった。ピチンチャ、パンバマルカ、タンラグアは重要な観測点だ。科学者たちは、高所での観測は実現可能だと証明したのである。

二つの班の苦しみは決して同等ではなかった。ブーゲ班がピチンチャでかなりの苦労をしたのに対して、より低い高度で活動したゴダン班は比較的楽な時間を過ごしていた。そして、ブーゲとラ・コンダミーヌとウジョーアは新年にかけてまたもや苦しい思いをすることになる。一七三七年一二月二〇日から一七三八年一月二四日まで、彼らはヤルキの基線の両端を示す測標のところに駐在したが、天候は悪く、測標は吹き飛ばされたか地元民が再利用したかで見つからなかった。測標がなくなるたびに、誰かがその高所まで行って新たに木製の三角錐を立て、白く塗らねばならない。パンバマルカの測標は七度、修繕したり代わりを作ったりしなければならなかった。業を煮やしたラ・コンダミーヌは要塞の廃墟の石で巨大な石塚《ケルン》を作り、その上に頑丈な木製の十字標を置いた。一月二六日、ブーゲ班は改めて観測を行うためパンバマルカに登ったが、「立っているのも難しいほど猛烈な」氷、雪、風に阻まれた。パンバマルカに吹きつける突風のせいで、四分儀を安定させることはほぼ不可能だった。彼らは二月八日までパンバマルカにとどまった。

強風の合間に見たパンバマルカの砦の廃墟は、ブーゲにとって忘れられない壮観な光景を生み出した。このブルターニュの水路学者はある現象に驚嘆したが、彼はのちにその最初の発見者として栄誉を称えられることになる。その現象は朝、「非常に明るい朝日」が彼の姿を近くの雲の塊に投影したときに起こった。とりわけ興味深かったのは、頭の周りに虹色の光輪ができたことと、雲に映った自らの姿を見ることはできるのに横に立っている仲間の姿は見られないという事実だった。

ブーゲの次の目標はタンラグアだ。ゴダンとホルヘ・フアンが、地元民の反抗、避難所がないところでの極寒の夜、二度目の登山という試練に耐えた一方、ブーゲ班は好天に恵まれ、山頂にいたのは一日だけだった。だがウジョーアにとっては、今回も眩暈との戦いだった。タンラグアは「この山系にあるほかの山と比べれば小さい」ものの、山腹の急勾配は、この元気な船乗りには試練だった。白い点のような屋根や碁盤の目のような緑の畑が、はるか下に見える。ちょっと足を滑らせただけで、まっさかさまに落ちることになる。「手や足をしっかり安定させておくよう、最大限の注意が求め［られ］た」。最も危険が少ないのは尻で滑り下りることだが、「これはゆっくり行わねばならず、速く動きすぎると崖を転がり落ちてしまう」。この短期間のタンラグア滞在は、ブーゲ班にとって測量における小休止のようなものだった。キトを出て測量を始めてから五カ月後、彼らはヴェルガンの地図に描かれた三角形の最初の一つを無事に測量できた。とはいえ、測量すべき三角形は少なくともあと三〇個残っている。

ブーゲとラ・コンダミーヌとウジョーアが一カ月遠征しているあいだ、ゴダン班はキトの南に最初に設定する三角形で苦労していた。この三角形の三つの測量点で最も楽なものは、キトからたった四マイル（約六キロメートル）のグアプロ村のそばにあるなだらかな丘に置かれていた。彼らは毎日、村からマルキーズまで通うことができた。マルキーズでは召使いが夜じゅう機器の番をした。しかし、あと二つの頂点はもっと厄介だった。ゴダンとホルヘ・フアンは、西の山系のコラソンと東の山系のグアマニに二度登らねばならなかった。グアマニでの問題は測標の位置だった。コラソンの測標から見えない場所にあったのだ。次の三角形に移ってコトパクシ山腹に置いた測標まで行ってみると、グアマニに新たに置いた測標は見えなかった。問題を解決するため、彼らは二つの山のあいだに中間の測量点を置くことにした。

今は一七三八年三月で、七カ月間測量を行っているにもかかわらず、どちらの班もまだキトが見えるところにいた。この調子だと、測量は数カ月どころか数年もかかりそうだ。最も大きな問題が露見したのは、東の山系の下方、えぐれた二つの谷のあいだに挟まれた先細の平地だった。〝チャンガリ平原〟（〝チャンガリ〟とはアンデス地方の女性が普段身につけているエプロンのこと）はピンタグの町のそばにあって平坦な農地に囲まれた、測量点として快適な場所だった。測標はブーゲ班の担当だったが、前年にこれを建てたのはラ・コンダミーヌで、彼は平原で目立つよう黄緑色に塗っていた。天候は良好で、測量者たちは近くの農家で眠ることができた。しかし、こうした快適さは、望遠鏡を覗いて失望した時間を埋め合わせるものではなかった。チャンガリ平原は、パンバマルカ、ピチンチャ、コラソン、コトパクシのそれぞれと互いに目視可能な重要な測標を置く場所として選ばれていた。ところが「測標のいくつかは失われていた」とウジョーアは述べた。「風に吹き飛ばされたのだ」。測量を再開できたのは、助手たちがそれらの山に再び登って測標を置き直してからだった。

その三月、二つの班のあいだで意見の一致が見られた。測標の問題によって何週間もが無駄になっている。白く塗られた大きな三角錐は風に飛ばされたり、この見慣れない建造物を木材や縄の好都合な源と考えた地元民に盗まれたりしやすい。だから今後は、可能な限り、三角錐ではなく白い帆布製の軍隊用テント、キャノニエールを測標として用いる。キャノニエールを建てたり移動させたりするのは三角錐より簡単だし、もともと測量者や助手が寝泊まりするためすべての測量点に必要なものだ。これは科学を現実に応用した好例である。

イースターが近づく中、ブーゲは班員を率いてチャンガリの農地から南の雪に覆われたコトパクシに向かった。キトの南に延びる大きな谷に沿って並ぶ山の中で、最も壮観なのがコトパクシだ。晴れた日には、明るく光る三角形のごとく、ほかの山々を凌駕して高くそびえて見える。雪と氷のピラミッド、神聖なシグナル。夕日に照らされると、あちこちで残り火が燃えているかのように輝く。高度は一万九〇〇〇フィート（約五八〇〇メートル）を超え、とてつもなく高い。その頂に立った人間はいない。測量隊にとってコトパクシの問題は、その高さよりも大きさにあった。山頂に測標を設置するのは無理なので、観測は山腹で行わねばならない。ところがこの火山の横幅は非常に広く、近くの測標すべてから目視可能な一箇所を見つけるのはかなり難しかった。結局ブーゲは、北西面の山腹に測標を置いた。そこからならチャンガリ平原とコラソン山の測標が明瞭に見えるのだ。だが今回も、測量隊はアンデスの嵐に悩まされた。コトパクシでの試練について、ウジョーアは鮮明に書き残している。

我々は三月二一日にこの山に登り、観測を完了させるべく努力したものの、徒労に終わり、四月一日には帰還を余儀なくされた。我々の体調が悪かったのに加えて、霜や雪が妨害し、風はあの恐ろしい火山を根こそぎ吹き飛ばそうとするかのように激しく吹いて観測の実施を不可能にしたからだ。気候は大変厳しく、動物たちも逃げていくほどだった。ラバは、我々が最初世話をしておくようインディオたちに命じた場所でじっとしていられず、もっと温暖な場所を求めてさまよい、見つけるのにかなり苦労するくらい遠くまで行くこともあった。

彼らは角度を測定できずにコトパクシを下山したため、もう一度行かねばならない。測量点を何度も訪れて測定をやり直さなければならないことが非常に多く、それはエネルギーと資金を奪った。またもや、金はほとんど尽きてしまった。そしてまたもや、測量隊は勢いを失ってしまった。偶然にも、コトパクシでの難儀は地元の労働力の消滅と時を同じくしていた。イースターが近づくにつれ、中央部の谷に住むすべての家族は、儀式や祝祭が行われている二週間は忙しくて働く暇などなかったのだ。どちらの班もやむなくキトに戻った。再び測量に着手するのは三カ月先のことになる。

これは快適な小休止になるはずだった。八カ月にわたって高所で苦労したあとでは、誰もが休息を求めていた。キトにはベッドも食べ物もある。イースターはパレードや礼拝を行う祝祭だ。アラウージョと測量隊のスペイン人大尉とのあいだの緊張は薄れていた。しかし、安寧の陰には、常に資金とリーダーシップの問題が潜んでいた。

ラ・コンダミーヌがリマで入手した現金は使い果たされた。副王が約束した四〇〇〇ペソの満額は支払われなかった。短期的に見れば、モールパは四〇〇〇ペソを送ることで金銭的な命綱を与えていたが、測量を最後まで行うには不充分だった。そのため、ゴダンはラ・コンダミーヌの友人の一人に頼った。

一七三六年、ラモン・マルドナドは、自分が提案したキトから海岸までのエスメラルダス川沿いのルートを見せるためラ・コンダミーヌを短い遠征に連れていき、ラ・コンダミーヌはその計画を熱心に支持した。なにしろ彼は、以前同じルートを数週間かけて、カヌーに乗り、泥だらけの林道を歩き、大変な思いをして通っていたのだ。二年後、ラモンの弟ペドロ・ビセンテがエスメラルダス県の知事になった。一七三八年四月、ペドロ・ビセンテはアウディエンシアの長官に道路建設計画のことを話すためキトに来ていた。当然ながら、彼は測量隊のメンバーと遭遇した。彼らを見逃すことなどありえない。マルドナド家に共通する気前のよさを発揮し、彼は測量隊が活動を続けられるだけの金を貸すとゴダンに申し出た。フランス人科学者たちにとって、これは並外れた幸運だった。

当面の経済危機は回避できた。しかし八カ月間別々の班で行動した結果、ゴダンとブーゲのあいだの溝は広がっていた。一七三八年五月にブーゲとラ・コンダミーヌがイギリス人天文学者エドモンド・ハレーに宛てた手紙には、ゴダンは黄道傾斜に関して発見したことを教えてくれないとの不満が書かれていた。対立はさらに激しくなった。測量隊の誰かが、モーペルテュイへの手紙で問題の深刻さについて書いた。何カ月ものちにその手紙を受け取ったモーペルテュイは、スウェーデンの天文学者アンデルス・セルシウスに不安を吐露し、ペルーにいるアカデミー会員二人の対立が深まっていること、それが測量の目的を阻害していることを述べた。モーペルテュイはセルシウスに、「不和」と「ひどい状況」のこと、半年間も意思疎通がまったく行われていないことについて話した。彼は、「彼らのうち一人が死に、残りの二人が、一人は東から、もう一人は西から、なんの成果もなく戻ってくる」のではないかと心配していた。「彼らが互いの喉をかき切ることになるのが危惧される」

実際、イースター休みのあいだに刃傷沙汰があった。地元民との喧嘩で、ブーゲの奴隷が傷を負って命を落としたのだ。この奴隷はブーゲよりもっと厳しい困難に耐え抜いていた。扱いにくい荷物を背負って蒸し暑い海岸の森を歩き、凍てつく火山で幾度となく夜を過ごし、用事を言いつけられて何度も村や町に走った。この奴隷の名前はどの回想録にも残されていない。

七月、測量技師ジャン＝ジョセフ・ヴェルガンは測量隊の進捗を記した最新の地図を作製した。

地図の大部分は空白だ。丁寧に格子が引かれた地図に載せられたのは、測量隊がよく知るペルーの二箇所だった。地図の左側にはエスメラルダス川の河口からグアヤキルまでの海岸、右側には不完全な山脈が描かれている。緯度〇度で地図を横切る細く赤い線は赤道だ。そして、その赤い線のすぐ北の〝タンラグア測標《シニャール・ド・タンラグア》〟と記された地点から釘でぶら下がるように、三角形が連なって描かれている。ブーゲとラ・コンダミーヌが測量した三角形は黒い実線で、ゴダンが測量した三角形は点線で示された。町、村、農場には小さな赤い印がつけられている。山は色つきの山型の点線で示されている。縞模様の農地の中を通る青い線は川だ。地図は未完成で、三角形はコトパクシまでしか行っていない。南緯一度を示す線の手前、〝ミリン〟と名づけられた測標がある地点までだ。測量は完成すべき三角鎖の三分の一も進んでいなかった。

科学研究は轟音とともに再開された。一七三八年七月一〇日、キトの端にあるパネシリョ山頂から、大きな大砲が五回撃たれた。最初の三発は北に向けられ、キトの家々の屋根を越え、グアイリャバンバに通じる公道の横にある平原の端を狙った。そこではゴダンとホルヘ・フアンが観察を行っている。四発目は南西の平原を越えてブーゲとウジョーアがいる大農場に向けて撃たれた。五発目は真上に向けられた。パリのアカデミーがこの集中砲火のことを知ったなら、キト上空を飛び交った砲弾は、命じられた任務からどんどん脇道にそれているフランス人科学者三人への警告弾だと思ったかもしれない。けれども実は、パネシリョ頂上で煙を上げる大砲は、本務を離れた研究だった。キト滞在中の科学者たちは、音の速度を測ろうとしていたのである。

ロシュフォールおよびカディスからやってきた測量隊のメンバーはそれぞれ、広い未知の世界の驚異を探索してきた。山系を行き来するあいだ携行されていた個々人のノートを覗いたなら、インカの建築、重力、ケチュア語、病気、植民地の司法制度、植物相や動物相などに関する覚書を見ることができただろう。興味のリストは尽きない。七月一〇日の砲撃は、その二〇年前、あるイギリスの田舎の村に起源を有していた。ウィリアム・デラムという聖職者が、猟銃の射撃音が一定の距離まで届く時間を測定した。デラムは実験の結果、音の速度に関してまだ答えが得られていない一九の疑問をまとめた。一三番目の疑問は、音速は高度によって異なるかどうかというものだ。一八番目は、音速は地球のどの場所でも同じかどうかだった。測量隊を率いる科学者たちは両方の疑問に答えるべく行動を起こした。それまでにも二度、ある距離まで砲撃音が届くのに要する秒数を記録しようと試みていた。前年、ラ・コンダミーヌとホルヘ・フアンがリマにいるとき、ゴダンとブーゲはパネシリョの頂上からパンバマルカの頂上に向けて大砲を発射する段取りを整えた。その距離は一万九三〇〇トワーズから一万九四〇〇トワーズのあいだ（約三七～三八キロメートル）と計算された。振り子時計と望遠鏡を持った測量者は、ラ・コンダミーヌがパンバマルカ山頂に置いた十字標の横に立って、砲口が火を吹いたのを見た瞬間から時間を測りはじめた。ところが聞こえたのは、アンデスの山に吹く風の音だけだった。八月の末、ゴダンとホルヘ・フアンが三角測量を始めるためパンバマルカに登ったとき、再度実験が行われた。今回、風は非常に穏やかだった。

二人はパネシリョで砲口が輝く閃光を放つのを見て耳を澄ましたが、やはり砲撃音は聞こえなかった。音は二箇所の観測地点のあいだの起伏に遮られて消えたとの結論が出された。

一七三八年七月の三度目の試みでは、彼らは長い距離間で音を記録するという考えを放棄した。設定された観測点は、パネシリョから五七三六トワーズ（約一一・一七九キロメートル）と六八二〇トワーズ（約一三・二九二キロメートル）という二箇所だった。距離を短くすれば、より正確な結果が得られるだろう。ブーゲとウジョーアが配置された観測点では、風は凪いでいた。ゴダンとホルヘ・フアンは、風はパネシリョに向かって風速二トワーズ（約四メートル）で吹いていると記録した。今回、大砲の音はよく聞こえ、音は秒速一七四トワーズ（約三三九メートル）と一七八トワーズ（約三四七メートル）と計算された。イギリスでデラムが計算したものと比較可能な値が得られたのだ。

この実験は、二人のスペイン人海軍将校にとって特に興味深いものだった。のちにホルヘ・フアンとウジョーアは、著書『天文学的および物理的観測《オブセルバシオネス・アストロノミカス・イ・フィジカス》（*Observaciones Astronomicas y Phisicas*）』（未邦訳）の一章を音速実験に費やし、これは幾何学、測地学、航海術に役立つと結論づけた。音速に関する知識は、とりわけ海軍の戦いや大きく開けた空間の距離の測定に関して非常に有用になるだろう。

音速実験は、赤道測地測量隊が活動を再開したことをキトの人々に知らしめた。翌日、二つの測量班は三角測量観測点を目指して南に向かった。ここから測量はリオバンバを経てクエンカに向かい、願わくは最終的な成功へと彼らを導くことになる。

その後四カ月、彼らは根気強く、三角形を次から次へと測量していった。最初の三角形で彼らを悩ませた問題は解決した。今は体系的な方法が確立されている。可能な限り、測標や測量点は危険を最小限にするような場所に設置された。木と布による構造物の代わりにテントを測標として用いることで、時間と手間が省けた。クープレの死により、若きジャン＝バティスト・ゴダン・デ・ゾドネが両班にとっての一般的な助手としてより大きな責任を負うことになり、山系のあいだを行き来して測量点を準備し、三人のアカデミー会員の仲介役を務めた。同行していた先住アメリカ人たちからケチュア語の単語を学び、徐々に彼らの言語を習得していった。のどかなシェール地方出身の若者は新たな夢を抱くようになった。いずれは、いとこで恩師でリーダーのルイ・ゴダンの管理下から逃れて自由になるつもりだ。

一つ一つの観測点の場所は、苦労して高所まで行き、テントや機器を設置し、次の三角形の角度を記録したすべての人間の記憶に刻み込まれた。コラソン山上での観測に、ブーゲ班はほぼ一カ月を費やした。この侵食された成層火山は隣り合う四つの三角形の共通の頂点であり、西の山系における重要な観測点だった。測標は、広範囲にわたって互いに目視可能であるよう高い地点に置く必要があった。コラソンで観測を無事に終えた二日後、ブーゲとラ・コンダミーヌとウジョーアは谷を横切って南東に向かい、山肌の白い巨大なコトパクシの山麓に位置する農場を越えた。その農場をヴェルガンは見取り図に〝イリティィオウ〟と記している。イリティィオウのすぐ東で、彼らは〝パパウルコ〟（〝父の山〟）という山の観測点まで登った。これは現在の地図でイリトーと記されている山だと思われ、三角の測標が残されている。ウジョーアによれば、それは「中くらいの高さ」で、「楽な山だった」。いわば、コラソンとコトパクシという「二つの困難な観測点のあいだの休息所である」。彼らは五日間で観測を終えたあと、雪をかぶったコトパクシに登っていった。四カ月前にさんざんな経験をしていたため、当然ながら彼らはこの火山を恐れていた。不安は的中した。

先が見通せない中、ブーゲとラ・コンダミーヌはテントと機器の設置のためウジョーアを先に送り込んだ。二人もそのあとを追ったが、山腹で夕闇に包まれたためそれ以上進めなくなった。こんな高いところには家畜小屋もないため、野外で一晩過ごさざるをえなかった。ラ・コンダミーヌのタフタ地のケープをテントの代わりにして狩猟用ナイフで地面に留め、二人はブーゲの長い外套にくるまって革の鞍を枕にした。凍てついた地面の上で骨の髄まで冷え、長い夜と厳しく冷え込んだ明け方を過ごした二人は、ラバが霧の中へさまよっていったことを知った。彼らは二手に分かれることにした。やがてラ・コンダミーヌが自分のラバを見つけ、パンとテントの支柱を持ってきた運搬人の姿をとらえた。彼は運搬人にブーゲを助けに行かせた。これは災難というほどでもない行程上の失敗だったが、特にブーゲは自分たちが過酷な地で活動していることを改めて実感したに違いない。ラ・コンダミーヌはこの冒険を楽しみ、のちに、ラバと食料をブーゲのところに持っていかせたあと最初の関心は「好天を利用する」ため四分儀を設置することだった、と書いている。ところが最初の測標に望遠鏡を向けたとたん、測標は消えた。コトパクシから見えるよう測標にかけていた白い布が、風に飛ばされたか盗まれたかしたのだ。布を新たにかけるのに二日間を要したが、天気は持ち、ラ・コンダミーヌの記録によると「最悪の場合、一カ月かかる可能性もあった観測点での作業を四日で終えられた」。西の山系にある高度一万二九〇〇フィート（約三九〇〇メートル）のミリン山頂に置いた次の測量点は、六日で作業を終えられた。

ブーゲ班が振り子時計のように着々と三角形をこなす一方で、ゴダン班は次から次へと問題に見舞われていた。七月一一日にキトを出た彼らは、コトパクシからの観測を可能にするよう中間地点に新たな測標を設置するため、再び東の山系に赴いた。そこからコトパクシの高所にある測量点に向かったが、山を登る途中でホルへ・フアンのラバが足を滑らせ、「深さ四、五トワーズ（一〇メートル弱）の裂け目に落ちた」。ラバの運命は記録されていないが、スペイン人大尉のほうは「かすり傷一つ負わずに」這い上がった。八月九日にはコトパクシからのすべての観測を終えたが、そのあと角度の確認のためパパウルコに置いた中間測量点に戻るのには苦労した。

パパウルコで局面が変わった。ゴダン班のメンバーは度重なる試練で疲れ果てていたし、いったん休憩する理由はいくつもあった。「ここで」とウジョーアは述べた。「彼らはしばらくのあいだ作業を中断した。フランスアカデミー会員に関する重要な問題でキトに呼び戻されたからだ」。測量を続ける資金を得るのに不可欠な為替がフランスからキトに届いていた。それはラ・コンダミーヌ宛だったが、彼はゴダンが受け取ることに同意した。

ラ・コンダミーヌはこの絶好の機会を逃さなかった。三角測量の中断を利用して、赤道測量の常識を覆す可能性がある伝説上の山と、その下の金鉱を探すため、西の山系の荒野に足を延ばした。測標の高度の違いを考慮して、三角鎖全体を海抜〇メートルの平面上に置き換えて計算する必要があることは、当初からわかっていた。ラ・コンダミーヌは、西の山系の向こうにある巨大な独立峰キロトア山は三角鎖と太平洋を結びつける存在だと考えるようになっていた。といっても、彼の頭にあるのは測量だけではなかった。この火山のはるか下、熱帯雨林の中の〝タグアロ〟という場所は、幻の金鉱だったのだ。

今回、金鉱探しと測量の旅でラ・コンダミーヌの相棒を務めたのは、測量隊の活動に新たに加わった人物、マエンザ侯爵だった。彼はかねてよりキトの新長官アラウージョと対立していた。また、彼はキロトア周辺の土地の持ち主でもあった。マエンザはラ・コンダミーヌと機器のため山頂に避難所を建てると申し出た。のちにラ・コンダミーヌは、アンデス山脈から太平洋を見るという試みは「あまりにもありふれた妨害によって」阻止されたと報告した。霧である。幻の金鉱発見の試みも不首尾に終わった。タグアロへ行くには、火山から熱帯雨林まで九〇〇〇フィート（約二七〇〇メートル）下降しなければならない。しかも、それは太平洋で一匹の魚を探すようなものだ。タグアロは峡谷や森の入り組んだ、人を寄せつけない未踏の地にあり、どうしても行き着けなかった。宝探しの冒険についてラ・コンダミーヌは多くを語らなかったものの、最終的に彼が発表した地図にはタグアロの位置が記され、その横に「幻の金鉱《ミン・ドール・ペルジュー》」との注記がなされている。

三角測量が再開するまで時間がなくなってきたため、ラ・コンダミーヌは急いで西の山系を越えて帰路についた。途中で道からそれ、水が火を噴くという伝説のあるキロトアの火口湖に立ち寄った。地元民の話では、湖ができた直後、「火炎の渦」が近くの羊を焼き尽くして水を「一カ月間沸き立たせた」という。ラ・コンダミーヌが見つけたのは、岩屑に取り囲まれた「緑がかった色」の広い湖だった。これは「何世紀も前に噴火したあと今なお時折火を噴く」火山の「煙突」に違いない、と彼は結論づけた。

ラ・コンダミーヌが西の山系で次に予定されていた測量点に到着したとき、ゴダンは既にキトから戻っていた。彼が持ってきたのは金だけではなかった。

それは、モーペルテュイとクレローが前年に北極圏から戻ったあと書いた手紙だった。ウアンゴ・タシン（おそらく今日セニョーラ・ロマと呼ばれている山）の測量点に設置したテントで手紙を読んだラ・コンダミーヌは、北極測量隊が緯度一度の長さの測定に成功したことを知った。そこでの一度の長さは五万七四三七トワーズ（約一一一・九四五キロメートル）で、パリで測定した五万七〇六〇トワーズ（約一一一・二一〇キロメートル）よりも長く、地球はやはり両極のほうが平たい扁平であることが判明した。明らかにニュートン派が正しかったのだ。何カ月も旅をしてフランスから遠く離れたペルーにいるアカデミー会員たちはしばらく前からその知らせを予期しており、既に自らの任務を続ける新たな理由を見出していた。赤道地点での緯度一度の長さがわからない限り、地球の正確な形は計算できない。航海のためには、正確な曲線の形を知ることが不可欠だ。

それに、北極圏での計算結果の正確性に関する疑問の一つとして、モーペルテュイが測量した長さは、ペルーで計画している三角鎖の長さの三分の一にすぎないという事実がある。フランスからの知らせは、ペルーにいるアカデミー会員に新たな決意と切迫感を生み出した。一刻も早く仕事を終えてルーブルに戻り、より優れた自分たちの調査結果を提示する必要がある。

ゴダンが測量を再開する前に、ブーゲは三角測量のやり方を効率化していた。あらゆる三角形のあらゆる頂点に赴いて三つすべての角度を測るのではなく、二頂点にのみ赴いて二つの角度を測るのだ。これは必要に迫られて生まれた節約法だった。測量を加速する手段を見つけないと、永遠に終わらないだろう。

九月じゅう、両班はリオバンバに向かって南へジグザグに進んだ。測量の中間地点であるリオバンバは、常に興味をそそる重要地点だった。ゴダンは比較的簡単にリオバンバに入ることができた。九月末には、彼は東の山系のふもとにある眺望のいい観測点にいた。ここは「きわめて好ましい場所」だった。暖かく、田舎は「明るい光景」で、ピリャロの町がすぐそばにあって「何も不自由はなかった」。対照的に、ブーゲ班はカリワイラソの山腹で凍えるような数日を過ごした。カリワイラソはカルデラ火山で、雪をかぶったぎざぎざの頂の高さは一万六〇〇〇フィート（約四九〇〇メートル）ある。ウジョーアは体調を崩していたが、それでも彼らは六日間で観測を終えることができた。ところが九月二九日に出発の準備をしていると、テントが左右に揺れ出した。外では雇われたラバ追いたちが荷物を積もうとしていた。そのとき地震がカリワイラソを揺さぶったのだ。

南へ行くにしたがって、地形は複雑になっていった。東西の山系に挟まれた長いでこぼこの通路とは違い、あらゆる方向に山があるようだった。この複雑な障害物だらけのコースにうまく三角形を当てはめるため、ゴダンとブーゲは二つの測標を非常に近くに置かざるをえなかった。一つはムルムルという山に、もう一つはもっと高いグアヤマ（現在のセロ・イグアラート）という山に。コンドルが飛び交う二つの山頂は八マイル（約一三キロメートル）しか離れていない。その近さに、測量者たちは悪い予感を覚えた。こんな小さな三角形では正確さが損なわれるのではないだろうか。両班は二つの山頂の中間に位置する緩やかな高台の〝牛小屋〟で合流した。谷間から来た牧夫が、家畜が高台の牧草地にいるあいだ寝泊まりする、高地でよく見られる掘っ立て小屋だ。ここは測量者たちにとって便利な基地であり、毎朝ここからそれぞれの観測点へと向かった。ブーゲ班はムルムルに登り、ゴダン班はより険しいグアヤマに登る。

ウジョーアにとって、ムルムルは遠すぎた。猛烈な風や前の見えない吹雪の中で数えきれないほどの夜を過ごしてきたウジョーアだったが、この低い山でついに細菌に侵されてしまった。牛小屋は病室になった。一〇月二〇日に測量が終わると、ウジョーアは運ばれて山を下り、リオバンバまで連れていかれ、そこで「重篤な病気により（中略）入院した」。忠実な大尉の助けがなくなったため、ブーゲとラ・コンダミーヌは、グアヤマと東に設置した新たな中間的測標二箇所とを行き来して忙しく一カ月を過ごした。彼らがようやくリオバンバに到着したのは一一月八日だった。

測量の中間点であるリオバンバまで行き着くのにこれほど長い期間を要するとは、誰も予想していなかった。三角測量を終えたのは緯度一・五度に相当する範囲だった。これまでも険しい地形の高所で作業をしてきたが、緯度三度分の測量を終えるまでの道のりはまだ長い。疲れ果てて八日にリオバンバに入ったブーゲとラ・コンダミーヌは、ゴダンとホルへ・フアンがラ・コンダミーヌの為替を現金化するため前日に町を出てまたキトへ戻ったことを知った。中間地点で再会していれば、改めて士気を高められたかもしれない。しかし現実には、逆に意欲がくじかれることになった。

XI

一七三八年一一月には、赤道測地測量隊は遠心力に屈して分裂していた。リーダーはおらず、金もない。ゴダンとホルヘ・フアンはキトへ行ってしまった。ウジョーアはリオバンバで病床についている。ジュシューは塞ぎ込んでいる。セニエルグはもう何カ月も姿を見せていない。ブーゲとラ・コンダミーヌは疲れ果てている。測量隊の名もなきドメスティッキたちは誰よりも消耗している。そして、フランスを出て四年近くが経ったというのに、地球の形を決定する数字を得るにはほど遠い。

緯度三度分の三角測量は、不快な出来事や瀕死の体験でたびたび中断される、終わりのない旅になってしまった。夜はたいてい、過酷な環境の中で野営をした。牛小屋は贅沢な高級宿だった。どの観測点でも同じことが繰り返された。空が晴れるのを待ち、四分儀を調節し、遠くの白い点に見える測標を探し、苦心して角度を測って記録する。周りの風景は変わっても、三角形は三角形だった。しかも、リオバンバはキトからクエンカまでの中間点にすぎない。想像を絶する規模の事業において、中間点は自らの無力さを思い知らされる地点である。非常に困難な計画で五〇パーセント地点に到達するのは、それだけでも偉業ではあるが、今までと同じことをもう一度行わねばならないという意味でもある。これが永遠に続くのではとの恐怖を乗り越える唯一の方法は、終わりについてではなく明日について考えることだ。その一一月、リオバンバでは、今後の困難についてあまり考えないほうがいいと思われた。今終わった前半部は簡単なほうだったからだ。

キトからリオバンバまでの道のりの大部分は、アンデスの東西の山系に挟まれた通路のように走る大峡谷があるおかげで、移動や観測が容易に行えた。まるで三角測量のために作られたような地形だった。二つの山系が平行していて、測標は反対側の山系に置かれた二つ以上の測標から（天候さえ許せば）常に目視可能だった。三角形はこの空間に、いわばジグソーパズルのようにぴったりはまった。二つの測量班は、東西を隔てる大峡谷の農場や村から臨時の労働力や食料を調達して、二つの山系を行き来するだけでよかった。

リオバンバの南では、二つの山系がぶつかって巨大な山塊ができているため、視線は遮られ、通信や物資の供給は妨げられる。高所の観測点で極端な寒さや強風に悩まされるのは間違いない。観測点同士のあいだは道が曲がりくねっているか、あるいはそもそも道が存在しないかで、移動は困難をきわめるだろう。アカデミー会員三人の中で、この先について知っているのはラ・コンダミーヌだけだった。一七三七年に陸路でリマへ赴いたとき、リオバンバからインカ時代の蛇行した長い道をたどってクエンカの向こうまで行ったのだ。山で嵐に遭ったこともあり、測量者に都合の悪い土地なのはわかっている。測量の後半は、これまでの労苦を単なる広場の散歩程度に思わせるだろう。

リオバンバは前半部と後半部の幕間だった。あらゆる意味で、疲れきった測量者たちにとって理想的な場所だった。チンボラソ山麓のこの小ぢんまりした肥沃な平野にコンキスタドールが戦いと病気を持ち込む前、ここにはそばに川が流れる古代の町があった。南に三〇分歩けば、美しく輝く湖がある。地震を除けば、ここにあるのは町にとって望ましいものばかりだった。スペインの襲撃を生き延びた先住民たちは、入植者によってキリスト教に改宗させられた。入植者は中央広場と規則正しい道路のある小さな町を作った。リオバンバの家や公共の建物は軟らかな石で造られており、高床式の建物もある。特に測量隊の興味を引いたのは、〝身分の高い家族〟が過ごす地としての、町の文化的な役割だった。チンボラソ山の冠雪から冷たい風が吹き下ろす一二月から六月までの時期に、町の家から田舎の大農場に移住することが習慣になっている人々である。二つの測量班の残りのメンバーはエレンにあるホセ・ダバロスの大農場をたびたび訪れ、才能あふれる三人の娘に魅了された。長女は絵を描き、五、六種類の楽器を演奏し、フランス語を解した。ラ・コンダミーヌにとって残念なことに、彼女はカルメル会の修道女になりたがっていた。彼らがエレンにいるとき、キトから知らせが届いた。ゴダンが「熱病にかかり、非常に衰弱している」というものだった。

ブーゲとラ・コンダミーヌがよろよろとリオバンバの町に入って一一日後、明るい空が彼らを山々に呼び戻した。それは二人にとって素晴らしい気分転換であり、ゴダンの不在により測量をこれ以上遅らせることはしないという決意を固める手段だった。ウジョーアは健康よりも測量を優先して療養中の病床から起き上がり、彼らとともにリオバンバを発った。

彼らは四つの三角形の頂点となる測標を目指した。これらの三角形が完成すれば、クエンカに向かう南への道が開ける。その測標は西の山系の高所、シサ＝ポンゴあるいはドロンボクと呼ばれる高度一万三〇〇〇フィート（約四〇〇〇メートル）の眺望のいい地点にあった。晴れた空は常に必須だが、彼らは珍しく幸運に恵まれた。必要な角度を求めることができたうえに、三箇所で夕日の方位を測り、おかげで三角鎖全体の方向を確認できた。彼らはそこにいるとき、彼方のサンガイが夜空に火炎を噴き上げる壮観な光景に見入った。サンガイははるか東、アンデス山脈の端に位置する山で、その突然の噴火によって理想的な測標となった。ブーゲとラ・コンダミーヌは四分儀を操作して活火山の位置と高度を決定した。

実り多い一週間の観測を終えたブーゲ班はリオバンバに戻った。早くクエンカまで三角形を描いて測量を完成させたい。しかし先へ進むために絶対必要な資金を持ってくるはずのゴダンとホルへ・フアンは、まだキトから戻ってこない。測量は一時停止した。

ブーゲにとって、三角測量の中断は自らの機器を活用する絶好の機会だった。ピチンチャ山頂とキトで行った実験によって、高度が重力にもたらす影響に関して貴重なデータが得られていた。今度は、垂らした鉛直線が大きな質量を持つ山のほうにどれくらい傾くかを測定することでニュートンの引力の法則を検証したい。一〇月、彼は三角測量から逸脱し、草木に覆われたトゥングラワ火山を一週間かけて越え、山の近くで精密な機器を設置できる場所を探したが、それは徒労に終わっていた。もっと登りやすいほかの山も除外されていた。コトパクシは明らかに火山活動中のため、部分的に空洞になっている可能性がある。ピチンチャは峠がいくつもある形状の分、質量が減じられていて不適切だと考えられた。残るはチンボラソだ。重量があり、リオバンバからは一日もかからずに行くことができる。

ラ・コンダミーヌは一も二もなく賛成した。機器が組み立てられた。鉛直線のほか、四分儀、時計、振り子が必要だ。ピチンチャで振り子の操作に苦労した教訓から、ラ・コンダミーヌは山用の携帯型振り子を作らせることにした。振り子専用に作った細長い箱は、壊れやすい部品を風から保護し、火山に登るときの振動からも守ってくれる。ウジョーアは今回も、二人の観測を手伝うだけの元気があった。

一一月二九日、彼らは召使い、テント、箱に入れた機器とともにリオバンバを発ち、チンボラソ目指して北に向かった。山麓の坂にある農家に拠点を置いた。三〇日には、危険をものともせず、一〇時間かけて深い谷をいくつも越え、積もった雪やぐらぐらする岩を踏んで徐々に高度を上げていった。特にラ・コンダミーヌにとっては、険しい道だった。彼らが目指したのは〝コンドルの宿り木〟と呼ばれる見晴らしの利く地点だ。やがて、山の万年雪から露出した岩稜まで登って、二つの峡谷のあいだの尾根にテントを張った。ここは野営地としてあまり適切な場所ではなく、テントのほうに向かってくる巨大な雪崩の振動や轟音のせいで一晩じゅう眠れなかった。テントが雪崩に巻き込まれなかったのは、両側に峡谷があったおかげだ。ウジョーアは病気がぶり返したため、助けを借りて山を下り、リオバンバに戻らなければならなかった。残ったブーゲとラ・コンダミーヌはコンドルの宿り木で苦労して機器を設置し、比較観測のためそれより低い場所にも観測点を設定した。三週間以上にわたる遠征を終えてクリスマスの三日前にリオバンバに戻ると、ゴダンとホルへ・ファンが間もなく現れるとの知らせがもたらされた。

急にあわただしくなった。測量が再開する前にニュートンの引力《ラトラクシオン・ニュートニエンヌ》に関する結論を出さねばならない。ラ・コンダミーヌは夜中までランプを灯し、二三日にはアカデミーの友人シャルル・ドゥ・フェイに宛てた手紙で引力についての発見をまとめることができた。ブーゲは観測結果を詳細に調べたが、チンボラソの質量が重力に与える影響は予想よりはるかに小さいことを知ってがっかりした。彼の出した結論は、この山の密度は地球の密度より低いに違いないということだった。実験に関する短い報告書を書き、三〇日にパリのアカデミーに宛てて送った。一七三八年が一七三九年へと移る中、人々は故郷に思いを馳せた。ラ・コンダミーヌはフランスへの手紙で、年末までには帰国すると書いた。手紙が南米からヨーロッパまで届くのに要する時間を考えると、返事は期待できそうにない。

苛立ちは不満に変わった。ゴダンとホルへ・ファンはいまだに現れない。ラ・コンダミーヌは測量を再開したくてうずうずしていた。町郊外の牧草地で、彼は四分儀を操作し、調整を行い、さまざまな計算表における誤差を解決した。振り子をいじって再び重力の計算を行った。一方ブーゲはどこかへ行ってしまった。ラ・コンダミーヌは、友人が「リオバンバ近くの田舎でいろいろな観測を行っているが、私はその詳細を知らない」と述べた。

またしても、測量隊のリーダー三人は相互の連絡を絶ってしまった。そしてまたしても、金銭的な危機が訪れた。


ラ・コンダミーヌの堪忍袋の緒が切れた。ゴダンとホルヘ・フアンはまだ来ない。一日ごとに雨期が近づき、それとともに、三角形を南のクエンカまで延ばしていくのに必要な測標を雲が隠してしまう危険性が高まっていく。ラ・コンダミーヌはゴダンとホルヘ・フアンなしで先に進むことにした。個人的な資金を持つ唯一のアカデミー会員として、自腹を切り、ラバ、労働者、食料の費用をまかなうためブーゲとヴェルガンに前払い金を渡した。三人は二つの班に分かれることになった。ラ・コンダミーヌがゴダンの担当を受け持ち、もともとのリストにある地点での観測はブーゲとウジョーアに任せる。常に頼りになるヴェルガンが先行して測標を設置し、ゴダンとホルヘ・フアンがあとから追いついたときに使えるようにすることにした。ラ・コンダミーヌは一月一七日に出発して、三角鎖の東側にあるザグルンに向かった。彼は楽観的に考えてグラハムの一二フィート（約三・六メートル）の天頂儀を荷物に入れた。南米での観測を締めくくるのに必要な天文観測に使う機器だ。

幸運のあとには悪運がやってくる。ザグルンは南の地平線上に並ぶ山々から北に突き出した、長い絶壁の上にあって目立つ山だ。観測点に行き着くには、急流を渡り、そのあと尾根まで二〇〇〇フィート（約六〇〇メートル）登らねばならない。だが空は晴れていたので、ラ・コンダミーヌはたったの三日間で観測を終えた。二一日には三角鎖の西側まで行き、ブーゲとウジョーアと落ち合う約束をしていたララングソ山頂にある次の観測点まで苦労して登った。ところが彼らはいなかった。しかも、ここは最悪の厳しい場所だった。常に風や雨や雪が吹きつける、高度一万四〇〇〇フィート（約四三〇〇メートル）の草木も生えない荒野《パラモ》。雇った労働者たちは姿を消し、身の回りの世話をする従者もラ・コンダミーヌの持ち物を奪って逃げ去った。

ブーゲとウジョーアがようやくララングソの観測点に現れたのは二五日だった。荒天は続いている。強風でテント二張が破れた。打ちつける風雨はぱたぱたする帆布をすり抜けて入り込み、中にいる人間は濡れて凍えた。ようやく観測を終えられたのは一月三一日だった。のちにラ・コンダミーヌは、ララングソは「山中の野営地の中でも指折りの厳しい場所だった」と訴えた。だがウジョーアにとっては、次の測標のほうがもっとひどかった。

ゴダンとホルヘ・フアンの不在は続き、残った測量者たちにかかる負荷は重くなる一方だった。二月二日、ブーゲは三角鎖の東側へ向かい、彼方のセネグアラプという高い山に置いた測標を目指した。一方ラ・コンダミーヌとウジョーアは、本来ならゴダンとホルヘ・フアンが配置されるはずだった三角鎖の西側の測標に向かった。

その夜、ラ・コンダミーヌとウジョーアはアラウシに到着した。アラウシは道路が格子状に走る小ぢんまりした町で、登攀不能な緑の岩壁に囲まれている。測標は北側の山の頂上にあって町からは見えない。ラ・コンダミーヌはこの山を「円錐形の独立峰で非常に険しく（中略）海抜はおよそ一九六〇［トワーズ］（約三八二〇メートル）」と表現している。ヴェルガンは略図にこれを〝チョウイェイ〟と記した。スペイン語を話すウジョーアは〝チュサイ〟と呼んだ（こうした描写に最も近い山は、二〇〇〇年後に測量点として用いられた高さ一万二三九八フィート（約三七七九メートル）のセロ・ラ・ミラである）。ラ・コンダミーヌとウジョーアは、とても快調と言える状態ではなかった。テントはララングソでぼろぼろになったままだ。ヴェルガンが南方に次の測標を設置したか否かは定かではない。ラ・コンダミーヌはしかたなく、アラウシから三リーグ（約二〇キロメートル）進んでヴェルガンを見つけ、そのあとウジョーアのところに戻った。チュサイに向かう道でウジョーアに追いつき、彼らは山裾の坂道のどこかで三晩を過ごして「あるインディオの家」でテントを修繕してもらった。二月六日、彼らは足取り重く頂上まで行き着き、不安を抱えつつ望遠鏡を覗き込み、南のぎざぎざの稜線上で測標を探した。次に南東のほうを向く。ヴェルガンが設置した明るく白い点があるはずのところには、パラモと山の突端しか見えなかった。

これこそ彼らが恐れていた問題だった。キトからリオバンバまでは、三角形は二つの山系のあいだにきれいにおさまっており、測標の設置は比較的簡単だった。だが今、山々の頂上同士は接近していて、互いに目視可能な測標の場所を決めるのはきわめて難しい。ヴェルガンは自らの地図にこの山岳地帯を〝アソウワイエ（Assouaye）〟と記している。この語のスペリングは一定しておらず、正確な発音は不明である。「アソウワイエの最も高い地点は」ラ・コンダミーヌは記している。「ある程度の距離からだと、別の山頂と重なって見える。遠くからでは、見えるのは山塊だけである」

チュサイの天候は劣悪だった。最初に登ってから三週間後、彼らはまだ南の測標が見えるようになるのを待っていた。ブーゲと連絡を取るのは大変だった。彼ははるか東、高度一万三〇〇〇フィート（約四〇〇〇メートル）以上の、風の吹きつける長さ六マイル（約一〇キロメートル）の荒野にいる。ブーゲも見えない測標の出現を待っていた。手紙のやり取りの中でブーゲは、ラ・コンダミーヌがチュサイから離れて測標を置ける場所を探して前方の山々を探索することを提案した。ところがそのとき、ラ・コンダミーヌは動けなくなっていた。山を下りて日帰りでアラウシに向かう途中、馬が倒れ、そのあと暴れて駆けだしたのだ。ラ・コンダミーヌはなんとか鐙から足を抜いて逃れたものの、脚に傷を負った。動かない脚で病床に横たわった彼は、チュサイの果てしない雨と霧のため、どうせ観測は不可能だったと考えて慰めを得た。

傷ついた脚が体重を支えられるまでに回復するとすぐに、ラ・コンダミーヌは新たな測標を置く場所を探しに出た。八日間、「荒野や沼地をさまよい、寝る場所といえば岩が削られた洞窟しかなかった」。山から山へと歩き、地図を描き、ついにナウーパンという山の頂上に測標を設置した。ここなら必要な三角形すべてを結びつけることができるだろう。残念ながら「ある誤解」によりナウーパンは無視されて代わりにシナサグアンが選ばれることになったが、その準備ができるまでさらに一カ月ほどかかった。三月二一日、チュサイに来て六週間後、ラ・コンダミーヌとウジョーアは角度を測ることができないまま山を下りた。アラウシに戻ると、懐かしい顔が待っていた。ルイ・ゴダンがホルヘ・フアンとともにキトから戻っていた。セニエルグとジュシューもいる。モランヴィルも。ヴェルガンも。ブーゲはまだ西側の山中だったが、久しぶりに測量隊の大部分が揃ったのだ。短くあわただしい再会だった。

セニエルグは二年近く測量隊から離れ、カルタヘナ・デ・インディアスで医療を行って稼いでいた。フランスの国営宝くじへの投機でペルーの滞在費を得ていたラ・コンダミーヌは、痛みをペソに変えるこの外科医の能力に当然ながら感心した。セニエルグはカルタヘナで「勤労によって一財産を得て」いた。彼はまた、カルタヘナからラ・コンダミーヌのためにガラス製測圧管を何本も持ってきており、ラ・コンダミーヌはそれをゴダンとブーゲにも分けた。セニエルグはゴダンに金を貸し、測量隊の医師兼植物学者ジュシュー率いる植物学的現地調査に同行した。

ジュシューとセニエルグとモランヴィルが計画したのは自分たち独自の遠征だった。南のロハ周辺の山々へ行って、樹皮がマラリアの貴重な治療薬となるキナノキの調査を行うのだ。彼らは三月二二日にアラウシを発った。二四日の夜明け、ラ・コンダミーヌとウジョーアはまたチュサイに登り、まばゆい朝日を浴び、その観測所から行うべき残りの角度の測定を行った。二日後の二六日、二つの測量班は「従来の行軍」を再開した。ブーゲはラ・コンダミーヌとウジョーアと、ゴダンはホルヘ・フアンと観測を行う。ともに何度も試練をくぐり抜けてきたそれぞれのチームに戻った彼らは、数週間後には最後の三角形を完成できるだろうと楽観的に考えた。

一カ月間、彼らは平原を歩き、山を越えた。ティオロマはさっさと終えた。サンガイが夜空に幾筋もの火炎を噴き上げるのを見つめた。ラ・コンダミーヌはまたもや一人だけの冒険に出て、前方の測標が互いに目視可能かどうかを調べるため山々を越えた。そして一七三九年四月一七日、彼は最後の高所の観測点に立った。シナサグアンは悪夢だった。

轟く突風がマルキーズの布を揺らす。支柱は震え、曲がる。雪の重みで帆布がたわむ。より小さく弱いキャノニエールでは、士気は低かった。ウジョーアは野営地からの脱走について記録した。「我々に同行していたインディオたちは、厳しい寒さに耐える気がなく、テントの雪を絶えず除去する労働に嫌気が差し、初めて風が吹き荒れたとたんに我々を置いて逃げた」

シナサグアンの測標は、アラウシの南にある荒涼たる高台に慎重に設置されていた。ここは両方の測量班が同じ地点に集まる数少ない観測点だったが、露出した場所のため頻繁に吹雪に襲われた。ラバ追いたちもその主人も悲惨な経験をした。嵐が襲ったときは洞窟に避難した。

テントは風で引き裂かれた。代わりのテントを張ったが、それも壊された。三つ目のテントもやられた。頑丈な支柱はポキリと折れた。最終的に、測量者たちは峡谷に逃げ込んだ。状況はピチンチャのときより悪かった。「このように苦しんでいるあいだ」ウジョーアは書いている。「ほかのどんな場所よりも厳しい風、雪、霜、寒さによって、我々はさまざまな困難を経た。インディオたちには見捨てられ、食料はほとんどなく、燃料は乏しく、避難場所にも事欠く状態だった（後略）」

山系のふもとでは、カニャールの司祭が町の上方の「雲の暗闇」に隠れた科学者たちに祈りを捧げていた。外国人たちは死んだものと思われていたが、二週間悪天候に耐えた末、足をよろめかせて山から下りた。カニャールを通るとき、彼らは「驚きを持って」見つめられ、「心からの喜びによって」迎えられ、「祝福を受けた。あたかも、我々が最悪の危険にさらされながら栄光ある勝利を手にしたかのように」

そして実際、勝利はもう少しで手の届くところにあった。一七三九年五月九日にカニャールの道路を通ったみすぼらしい行列は、測量の最終段階に向かっていた。ブーゲとラ・コンダミーヌとウジョーアは測量の完了を想像することができた。彼らに割り当てられた残るわずかな観測点は、比較的低く行きやすいところにある。ゴダンとホルへ・フアンは荒涼とした東部のキヌアロマという山にいたが、ブーゲ班にとっては終わりが見えていた。次の観測点は伝説の山ブエラン、先住民族カニャーリ族の山の神が住むところだ。伝説によると、タイタ・ブエラン（父なるブエラン）は灰色がかったポンチョを着た小柄な男性で、山頂の洞窟に住んでいた。その洞窟には黄金が山積みになっていた。霧が山腹を覆うと、彼は羊飼いたちを自分の住処に誘い込んでその貴重な金属を与えたが、宝物は人間の住む低地まで下ろされたとたん動物の糞に変わったという。タイタ・ブエランはアンデスの人々にはなじみ深い山の神だ。彼は素晴らしいものを約束するものの、それは結局のところ幻想なのである。

ブーゲとラ・コンダミーヌとウジョーアは五月一〇日に霧のかかるブエランに登った。ここは楽な観測所のはずだった。ブエランの坂は険しくなく、山頂にはカニャールから歩いてほんの数時間で行ける。だから測量者たちは一週間単位で町から山へ通うことができた。「山の低さ」に加えて、とウジョーアは書き残した。「カニャールの町は山からたった二リーグ（約一三キロメートル）の距離のため、何一つ不自由はなかった。気温はほかの荒野よりはるかに温暖であるうえに、町で日曜日にはミサ、ほかの日には説教を聞きに行って孤独から解放されたため、我々はおおいに満足だった」

当然ながら、地元のカニャーリ族の人々は父なるブエランで野営しているヨーロッパ人のことが気になり、ある日ウジョーアは彼がテントから出てくるのを目撃した「クエンカの紳士」に声をかけられた。紳士はウジョーアの名を知っており、測量隊のことを耳にしていたが、知的なヨーロッパ人がなぜ「最下級の人間であるメスティーソ［アメリカ先住民とスペイン人との混血］の服」を着ているのかまったく理解できなかった。ウジョーアが何を言っても、その人物は、彼らが悪ふざけをしているのではなく、地球の測定が金鉱探索の隠れ蓑ではないことを信じてくれなかった。それ以外に、ヨーロッパ人が「このようなみじめで不便な生活」を受け入れる理由があるか？　規律ある若き海軍大尉のウジョーアは、髭だらけで薄汚れたぼろぼろの山男になっていたのだ。

ブエランでは「恐ろしい嵐」が何度も起こった。嵐はカニャール地方を直撃し、「動物も家もインディオも、雷を伴う暴風雨によって三度も悲惨な被害を受けた」。ラ・コンダミーヌにとって、嵐のうなりは希望の兆しだった。ブエランには一週間以上も雲がかかっていたため、彼は仲間に、山を下りて峡谷を渡って反対側の山腹にあるインカの遺跡まで行けば自分たちの能力をもっと効果的に活用できると提案した。それは、ラ・コンダミーヌに不変の称賛をもたらす遠征になった。

五月二〇日水曜日は、地元でインガピルカ（〝インカの壁〟）と呼ばれている遺跡の、通路、部屋、テラスを探索することに費やされた。ラ・コンダミーヌはインカ民族の征服に関する書物を幅広く読んでいたものの、そうした書物の著者の誰一人として――歴史家アグスティン・デ・サラテも、ペドロ・デ・シエサ・デ・レオンも、フランシスコ・ロペス・デ・ゴマラも、イエズス会神父ホセ・デ・アコスタ（初めて高山病について書き記した人物）も、あるいは〝インカ〟と呼ばれている偉大な年代史家ガルシラーソ・デ・ラ・ベーガすら――主なインカ遺跡の詳細な描写や図を残してはいなかった。ラ・コンダミーヌは新たな境地を開こうとしていた。ここには、歴史家、地理学者、測量技師、現地調査員としての彼の能力を必要としている研究材料がある。二年前、キトからリマまで「一人旅」をしていたとき、かつて宿泊所や要塞だった崩れた石の遺跡を通ったものの、当時は立ち止まって調べる時間がなかった。測量隊の要求は「遅延を許さなかった」からだ。古代インカの首都クスコを訪れたいという希望は、あまりにルートから離れすぎているせいでかなわなかった。トゥミパンパの黄金の宮殿やエメラルドをちりばめた壁は、スペイン領クエンカの拡張に伴い消滅している。ラ・コンダミーヌが見ることのできた少数の遺跡の中で、インガピルカほど保存状態のいいものはない。その水曜日、ブーゲとラ・コンダミーヌが中央台座の北側の記録を取っているとき、地元の農夫が「その地で最もよく保存されているものの取り壊しに従事」し、「隣の農場の新しい建物のために」インカ遺跡の石を取り去っていた。

ラ・コンダミーヌは、インガピルカは宮殿ではなく要塞だと確信した。軍人として、彼は自然の要害の価値を理解している。遺跡は二つの深い峡谷に挟まれた平地にある。ガルシラーソがクスコの宮殿内の三〇〇〇人を収容できる部屋について記していたのを覚えている彼は、インガピルカの部屋は儀式のために人々が集まるには狭すぎると考え、今見ているのは拡大するインカ帝国から領土を守るためカニャーリ族が建設した要塞の遺跡だと判断したのだ。カリョでインカ遺跡を訪れたときと同じく、ラ・コンダミーヌは石造建築の技術に感銘を受けた。各ブロックは隣のブロックとぴったり合わさっていて、「表面が平らであれば石と石のつなぎ目は見えなかっただろう、ただしこれは表面が浮き彫りになっている」

ラ・コンダミーヌにとって、インガピルカ訪問は驚くべき発見をもたらしてくれた。数日後、彼は再び遺跡を訪れて寸法を測り、羅針盤を用いて重要な構造物の方角を記録した。また、眺望の利く地点を選んで現地のスケッチを完成させた。

ブエランに戻ると、ようやく雲が晴れ、ブーゲはなんとか必要な角度を測ることができた。彼らは六月一日に山を下りてクエンカに向かった。

その日、はるか西では、ゴダンとホルヘ・フアンと助手たちもクエンカで測量を完了することに心を向けていた。キヌアロマは過酷な山だった。彼らは三週間という長きにわたって、寒さに凍えながら「測量全体の中でもきわめて不快な観測点」で天候が好転するのを待っていた。その後蛇行する道をよろよろと歩いて下山し、アソゲスの町まで行って機器と荷物を降ろし、そうしてクエンカに向かった。

クエンカは離れ離れになっていた測量隊の集合場所、そしてメンバーの一人の墓場となった。

これまで訪れたあらゆる町や都市と同じく、ウジョーアはクエンカの地理を詳細に調べて報告書にまとめた。まずは町の正確な緯度と経度を記したあと、町のある土地は「非常に広々とした平地」で四本の川が流れており、季節によって川は浅瀬を渡れることもあれば橋で渡らねばならないこともある、と描写した。人口は二万から三万のあいだで、いくつかの修道院、イエズス会の学校一校、二つの尼僧院、三つの教会――スペイン人や混血のための「偉大な教会」、現地民のためのサンブラス教会とサンセバスティアン教会――そして「廃墟寸前の」病院があった。ウジョーアによれば、クエンカは――

三流以下の町である。道路は直線で適度な幅がある。家々は不焼性レンガ製でタイルが張られ、多くは平屋だ。家の持ち主はばかばかしいほど見かけにこだわり、安全性より派手さを優先している。インディオの住む郊外は、どこでも同じだが、みすぼらしく画一的だ。高所の川から道路を横切る何本かの水路まで苦労して水が引かれており、そのため町は充分に潤っている。この素晴らしい立地と肥沃な土地のおかげで、ここはキト行政区のみならずペルー全体の楽園と呼んでもいいだろう。これほど多くの長所が集まっていることを誇れる都市はほとんどない。ところが怠惰もしくは無知ゆえに、その長所はうまく活用されていないのだ。

クエンカの一般的な男性は「きわめて恥ずべき怠惰な性質を示しており、それは彼らにとってあまりにも自然であるため、彼らはあらゆる種類の労働を不可解なほど嫌悪している。また、庶民は無作法で悪意に満ちており、要するにあらゆる意味で邪悪である」。逆にクエンカの女性は、「並外れた勤労精神によって卓越」していて、明るい色の布や綿の織物でペルーじゅうに知られており、それを〝グレート・ロード〟を通る貿易業者や商人に売っている。ウジョーアがクエンカの男性に対して厳しい見方をするようになった原因は、このあと述べる悲劇に違いない。

測量隊のメンバーは三々五々クエンカに入った。彼らは偉業を成し遂げた。三角鎖は緯度三度以上にわたって設定された。モーペルテュイが北極圏で三角測量を行った距離の三倍だ。今必要なのは、北部のヤルキの基線と対応する南部の基線である。三角鎖の両端に基線が引ければ、すべての角度観測の正確さが証明できる。ところがクエンカ近辺に平らな土地は少なかった。候補は二箇所。グレート・ロードは、山々に挟まれた長く平坦な谷に沿って町から南へ七マイル(約一一キロメートル)延びている。ラ・コンダミーヌは二年前、リマへ行くとき、この谷の存在に気づいていた。彼は、タルキの平原が測量を締めくくる基線を引くのに適していると確信していた。唯一の欠点は、三角鎖の南端からの距離である。この基線に到達するには、さらにいくつか三角形を追加せねばならない。もう一つの平地はバニョスという場所にある。より狭く、それほど平坦ではないが、クエンカに非常に近い。ブーゲはタルキを推した。ゴダンはバニョスがいいと主張した。

もちろん、ゴダンとブーゲが自説に固執せずどちらかの選択肢で合意していたなら、話は簡単だっただろう。ところが二人とも、相手の意見に強く反対した。これは、隊員たちがどれほど非凡な浮き沈みをともに経験しようと、三年間の測量の完成が間近に迫っていようと、測量隊の自己破壊本能がいまだ無傷で残っている証だった。基線を二本引くことになれば、残る測定は二倍になり、ペルー滞在はさらに延び、最終的な数字の計算は遅れてしまう。

そうこうするうちに一七三九年の五月は終わって六月になり、二人の対立する〝リーダー〟は新たな基線二本の両端を定めるためにそれぞれの仲間を集めた。基線の両端が定まって初めて、三角鎖が完成するのだ。両班は基線の測標を設置したあと、最後の三角形の測量を行うため山に戻った。

三角測量の最終章は骨の折れる作業だったが、問題なく進んだ。ブーゲとラ・コンダミーヌとウジョーアはクエンカから東に進み、パウテ川沿いの谷をたどって同名の小さな町へ行き、そこから左折して〝ヤスアイ原野〟を目指した。ここは険しい巨大な山塊で、目もくらむような急斜面を高度一万二〇〇〇フィート（約三六〇〇メートル）の山頂まで徒歩で登らねばならなかったが、「それでもたいした労苦ではなかった」とウジョーアは記憶している。吹きさらしの山頂の気温は「シナサグアン山や北部の荒野ほど耐えがたいものではなく」、彼らは「この観測点の不便を快く受け入れた」。そこには一〇日間滞在した。ウジョーアが高揚したのも無理はない。彼にとって、これが最後の険しい登山なのだ。七月半ば、この小隊は山から緑豊かな谷へと慎重に下り、次の測標まで川をたどって上流に向かった。

ヤスアイと基線を結ぶためには、あと二つの山に登らねばならない。一つ目はボルマだ。高度一万フィート（約三〇〇〇メートル）を少し超えるくらいの、それほど大きくない山だったが、測量者たちは不安を抱いていた。ヤスアイと、クエンカの北一一マイル（約一七キロメートル）のカウアパタという比較的登りやすい山の支脈に置いた測標との角度を測定できるのは、ヤスアイ原野に雲がない場合に限られるからだ。実際にボルマに登ったとき、彼らは自分たちの幸運が信じられなかった。「我々の危惧に反して、幸いにも七月一九日は一日じゅうヤスアイが晴れていてよく見えた。そのため、観測は二日間で順調に終えられた」

ゴダンとホルヘ・フアンは機器と荷物を置いてきたアソゲスにいったん戻り、六月一五日にヤスアイの高みに登った。七月一一日に下山し、その後いくつか小さな三角形を追加した。その一つでは、クエンカの「偉大な教会」を頂点に利用した。七月末までにゴダンとホルヘ・フアンとゴダン・デ・ゾドネはバニョスの基線を測り終え、八月末にはブーゲとラ・コンダミーヌとウジョーアとヴェルガンがそれより少し短いタルキの基線を測り終えた。

ジュシューとモランヴィルをロハに残してキナノキの調査を継続していた外科医ジャン・セニエルグがクエンカに現れたのは、彼らがこうして測量の最後の作業を行っているあいだだった。ヨーロッパを発ってからの四年間で、測量隊のメンバーは皆、多かれ少なかれ変化していた。誰もが、ほとんど知らない人々の中で過ごして、恐怖、病気、極度の不快を味わった。異国の生活は一人一人に異なる影響を及ぼした。セニエルグは病人を癒し、死の床にある患者を生き返らせて、奇跡を起こしていた。南米にヨーロッパの医師はほとんどいない。カルタヘナ・デ・インディアスで彼は大儲けをするとともに、貧しい人の治療も行った。どこへ行っても、ジャン・セニエルグは引っ張りだこだった。クエンカに戻ってほどなく、ウジョーアと連れ立ってタルキの基線の近くまで出かけたとき、ある若者と喧嘩になった。ウジョーアは軽傷を負い、セニエルグとともに地元の治安判事に正式な訴えを行った。治安判事は犯人の逮捕を命じた。若者の居場所を知ったセニエルグとウジョーアは役人より先に駆けつけ、若者を隠れ場所から引きずり出してセニエルグの宿まで連れていった。そこで彼は奴隷クイドンに命じて若者を二〇〇回鞭打たせ、傷口に豚の脂をすり込ませた。痛みについての知識を悪用した医師はジャン・セニエルグが初めてではないだろう。彼にとって、同情と虐待は表裏一体の反応になっていたのだ。

測量隊メンバーはクエンカに集まってきた。ジュシューとモランヴィルは、植物学的な標本の宝箱と、キナノキの詳細な説明を持ち帰った。ジュシューのノートには、〝キナキナ〟はロハの町から六〇マイル（約一〇〇キロメートル）ほど南の、マラリアが蔓延する湿度の高い谷間に住むマラカトス族の人々が発見したと書かれていた。断続的な発熱に苦しんでいたマラカトス族は地元の森のさまざまな植物を試し、キナノキの樹皮が「ほぼ唯一の治療薬」であることを突き止めた、とジュシューは述べている。マラカトス族はその治療薬を〝アヤック・カ〟（〝苦い樹皮〟）あるいは〝ヤラチュッチュ・カラチュッチュ〟（〝悪寒をもたらす発熱用の樹皮〟）と呼ぶようになった。この樹皮製の薬をイエズス会の伝道師に伝えたのはマラカトス族だった。伝道師はその知識と粉をスペインに持ち帰り、それがマラリアと呼ばれる病気の効果的な治療薬となった。

ホルヘ・フアンとウジョーアは植民地政府に関する隠密調査を継続して行った。測量調査を通じて、二人の大尉は副王領における日常生活を目の当たりにすることができた。彼らは貧しい農夫の家にも、金持ちの大農場にも泊まった。ラバ追い、市長、羊飼い、行政長官と時間を過ごした。そこで彼らが目にしたのは、心穏やかならざる状況だった。彼らが調査を行った非人道的慣習の一つに、強制労働を行うミタ制がある。道路や橋の補修といった事業に労働力を提供することをコミュニティに要求する、インカの反道徳的慣習である。スペインの植民地支配のもとで、ミタ制は、毛織物工場や鉱山から農場や砂糖工場に至る生産業全体で行われる無慈悲な制度になっていた。村々は、一年交代で一定数の人員を差し出すことを求められた。ホルヘ・フアンとウジョーアの調査によれば、大農場の労働者は一年に平均して一八ペソを支払われるが、その中から八ペソが貢租として差し引かれた。残りの一〇ペソから粗い布（一ヤードにつき六レアル）のマントの費用を払うと、一年間の家族の食料と衣服、そして教会の祝祭への強制的な寄付のために七ペソ六レアルしか残らない。ほとんどの労働者は、一年間の労役を終えたときには地主に多額の債務を負っていた。逃れることはできなかった。なぜなら「アセンダド《アセンダド》に仕える期間が長くなればなるほどインディオの借金はふくらむため、生涯奴隷のままでいることになり、そのインディオの死後は息子たちも奴隷として生涯を送る」からだ。毛織物工場《オブラヘ》では、大尉二人は管理者が労働者を鞭打つところを目撃した。鞭は、長さ一メートルの「ベースギターの弦のごとく撚られて硬くなった」牛の皮で作られていた。犠牲者は薄いズボンを脱がされて地面にうつ伏せになり、鞭打ちの回数を数えさせられ、そのあとひざまずいて管理者の手に口づけることを強いられる。この罰は「すべてのインディオに与えられた――老人にも若者にも、女にも子どもにも」

一七三九年八月には、赤道測地測量隊は世界初の学際的科学遠征隊を自称できるようになっていた。緯度の真の長さと地球の形が、今初めて明らかにされようとしている。彼らはゴムやマラリアに関する画期的な研究を行った。インカ帝国の遺跡の初の詳細な調査を完遂した。植民地の腐敗や先住アメリカ民族弾圧を暴露した。キト近郊の鉱山で、ウジョーアは「大変硬く、鋼鉄の鉄床《かなとこ》に置いて叩いても容易には割れない」奇妙な銀白色の岩を発見した。鉱夫はそれを〝プラティナ〟と呼んでいた。銀を意味するスペイン語の省略形である。若き大尉は、プラチナについて記した初のヨーロッパ人となった。測量隊全体として、彼らは新しい地図を描き、何千箇所をも測定し、高度や位置や温度を記録した。彼らは天文学者、測量者、地理学者、植物学者、地図製作者、物理学者、医師、考古学者だった。その年の八月、クエンカにおいて、彼らは成功の光を見出しつつあった。

一七三九年八月二九日土曜日は、測量隊の記憶に刻み込まれることになる。クエンカでは祭が催されていた。五日間、サンセバスティアン教会前の広場はチチャ［アンデス地方でよく飲まれる酒］と牛の血であふれた。観客を収容するため、木製の二層構造の客席が広場を取り囲んで長方形に作られ、四隅には牛とパレードが通るための門がつけられた。祭の最終日の午後には、多くの観客がアルコール漬けになり、クライマックスの催しに気を高ぶらせていた。牛の分厚い首に細く尖った闘牛用の剣《ベルドゥウイーヨ》が突き刺されて終わる死の舞踏である。だが観客は座席で身を乗り出して午後を過ごすのではなく、暴動を起こした。そしてベルドゥウイーヨは一人のフランス人の腹に突き刺さった。

悲劇の幕は数週間前に開かれていた。奇妙な装置を持って荒涼たる山の高みへと何度も登る人々の行動は、地元民の好奇心を駆り立てていた。彼らが金や銀を探しているのではないという話を信じる者はほとんどいない。彼らの色褪せたよれよれの服は、疑念をますます募らせる結果になった。しかも、外国人たちは地元の女性と戯れている。六〇年後、ドイツの博物学者アレクサンダー・フォン・フンボルトは町を通ったとき、ラ・コンダミーヌがクエンカで娘を二人産ませたとの話を聞かされることになる。

また、フランス人外科医と恋人に捨てられた女性との関係も噂されていた。ジャン・セニエルグは、彼にマラリアの治療を受けたフランシスコ・デ・ケサダの娘、マヌエラ・デ・ケサダと恋仲だと言われていたのだ。マヌエラは町の法務副長官である婚約者ディエゴ・デ・レオン・イ・ロマンに捨てられていた。フランシスコとマヌエラは、一家の名誉を傷つけた卑劣なレオンに賠償金の支払いを求めた。すると、軽率にもセニエルグが介入し、レオンに金を渡すよう要求した。レオンは自分の女奴隷をケサダ家に送り込んだ。奴隷は、マヌエラを平手打ちして「彼女のフランス人」に「その痛みを取り除」けと挑発しろ、との指示を受けていた。セニエルグは、自分がケサダ家に来たのはフランシスコの治療のためであってマヌエラを口説くためではないと言い張り、その奴隷を棒で打ち据えたあとレオンのもとに送り返して、「名誉の決闘」を求めた。それは奴隷にとって悪い日だったが、セニエルグにとってはさらに悪い日となった。縁故に恵まれたクエンカの法務副長官に決闘を挑むのは、フランスとスペインの外交関係にとって決して望ましいことではなく、測量隊の科学的活動を利するものでもなかった。

五日間の祭は既に始まっており、二六日の午後、セニエルグはクエンカの中央広場でレオンを見つけて剣を抜くよう促した。レオンは拳銃を取り出した。戦闘能力よりもアルコールに支配された対決において、レオンの火打石銃は不発に終わり、セニエルグはつまずいて溝に落ちた。野次馬たちは、外科医が宿まで連れ戻されるとき、レオンを殺すか「やつの耳を切り落とす」と脅しているのを聞いた。路上での流血を引き起こしかねない喧嘩をおさめようと、あるイエズス会の司祭は二八日に両者を自分の宿に招いた。ところがレオンは現れなかった。怒り、復讐心、そしてチャが、致命的な決着の舞台を整えた。

祭の最終日、測量隊のメンバーは闘牛に招待された。彼らが観客席のいくつかの区画に分かれて座ったことが命取りになった。群衆が闘牛の開始を待っているとき、セニエルグが千鳥足で広場に入ってきて、マヌエラと父親がいる区画に向かった。群衆はすぐさま結論を出した――フランシスコ・デ・ケサダは、娘と恋愛関係にあり、彼らの仲間に決闘を挑んだ傲慢なフランス人と親しすぎる、と。マヌエラの父親は、レオンの怒れる友人の一人によって引きずり出された。セニエルグは片方の手に拳銃、もう片方に短剣を持って、「あの悪党とその家族を皆殺しにしてやる！」とレオンに怒鳴りながら助けに行った。本気であることが群衆全体にわかるよう、奴隷のクイドンに「やつらを全員殺せ！」と命じた。

折り悪く、祭の進行役が派手に飾りたてた馬に乗って広場に入ってきた。ニコラス・デ・ネイラ・イ・ペレス・デ・ビヤマールは、怒らせてはいけない人物だった。彼は市民軍の司令官であり、クエンカのエリート層にはよく知られていた。フランス人の一人が恥ずべきふるまいに及んでいるのを見たネイラは、ゴダンとホルヘ・フアンとウジョーアが座っている客席まで行って、セニエルグを止めるよう要求した。そして自らセニエルグのもとへ行き、なだめようとした。だが遅すぎた。怒りに燃えるセニエルグは、おまえも殺してやるとネイラに言い、テーブルを引っくり返して広場に駆け込んだ。公衆の面前で侮辱されたネイラは、闘牛は中止すると群衆に告げ、クエンカのアルカルデを捜しに行った。セニエルグを逮捕して投獄するために、アルカルデの持つ権限が必要だったからだ。

闘牛が見られなくなった群衆は、フランス人連中《ラ・コンパニー・フランソワーズ》に敵意を向けた。広場じゅうに怒りが噴出した。ホルヘ・フアンとゴダンはセニエルグをとがめた。新たに騒がしくなったほうに人々が顔を向けると、剣や矛や槍で武装した少なくとも一〇〇人の軍団が北門からなだれ込んできた。軍団を率いるのは、ネイラと、アルカルデのセバスティアン・セラーノ・デ・モラ・イ・モリーヨ・デ・モンタルバンだ。武器を渡すよう命じられたセニエルグは、短剣を構え、撃鉄を起こした拳銃を持ち上げた。二連銃の銃口をセラーノに向け、二度続けて引き金を引く。どちらも不発に終わったが、彼はひるむことなく短剣を振り下ろした。セラーノのお供の一人が短剣をはねのけ、ネイラは剣の先でセニエルグの手を刺し貫いた。銃が地面に落ちる。セラーノはセニエルグの捕縛を命じ、群衆は「外国人ども」を殺せと叫んだ。広場の敷石がはがされた。投石と剣の攻撃を受け、セニエルグはあとずさった。右腕に石が当たり、短剣を取り落とした。無防備になった彼は血を流しながら広場の反対側の門まで駆けていったが、逃げおおせる前にネイラが刃の短いベルドゥウイーヨを引っつかみ、巧みにセニエルグの肋骨の隙間に刺し込んだ。セニエルグは武器を持った暴徒に追われ、よろめく足で近くの家の中庭に逃げ込んで崩れ落ちた。

路上にいたラ・コンダミーヌとブーゲも、セニエルグが意識を失って倒れている家を目指して駆けだしたが、「フランス人どもを殺せ！」と叫ぶ群衆に遮られた。ブーゲは石で殴られたあと、後ろから剣で背中を刺された。機転の利く司祭が急いでブーゲをある家に引っ張り込み、扉にかんぬきをかけた。測量隊のメンバーは散り散りになって逃げた。ラ・コンダミーヌの記憶によれば、「命の危機にさらされなかった者は誰一人おらず、旅の連れであるスペイン人将校たちも同じ危険から免れてはいなかった」

砂埃が舞い、足音が入り乱れ、怒号が飛び交う混乱の中、ヨーロッパ人たちは建物の中に駆け込み、暴徒は通り過ぎた。ラ・コンダミーヌは自分の宿まで戻り、暴徒に囲まれながらも、扉にかんぬきをかけて締め出した。

セニエルグが血を流して倒れている家では、セラーノが群衆をかき分けて中庭に向かっていた。セニエルグはベッドのある部屋に移された。なんとか家に入れたジョセフ・ド・ジュシューはセニエルグを診察した。最も深刻なのは、ベルドゥウイーヨによる深い傷だった。

四年間の冒険のあいだじゅう、測量隊は種々の不運や災難に遭遇してきた。クープレ＝ヴィギエの死により、もともとのチームは一一人に減った。今、ブーゲとセニエルグが剣によって倒された。ブーゲの傷は命にかかわるものではなさそうだ。だがセニエルグの脇腹の傷はもっと厄介だ。彼は内出血を起こしている。

広場での騒ぎの二日後、ジュシューは祖国の兄たちに向けた手紙に感情を吐露した。「私たちフランス人はこの暴動に圧倒され、命からがら逃げました。セニエルグが一人で私たち全員の報いを受けました。彼の容態は一刻の猶予も許さず、私は薬剤師、外科医、内科医の三役を務めています」フランス人たちの中で、ただ一人希望を捨てていたのはセニエルグ本人だった。「状況は非常に悪い」彼はうなった。「もう終わりだ！」。死の冷たい手が自らの体を侵すのが感じられた。傷は感染症を起こしていた。

セニエルグは遺言を口述し、友人のジュシューとラ・コンダミーヌを執行人に指名した。遺体は市内のイグレシア・マトリス大聖堂に埋葬するよう求めた。支払うべき借金と支えるべき慈善団体を列挙した。二人の奴隷をラ・コンダミーヌに託した。彼は自らの人生を整理し、そしてラ・コンダミーヌのベッドで息絶えた。

セニエルグ殺人事件は、測量を妨害する出来事だった。扱いにくいアカデミー会員たちが山岳地帯の幾何学者から観測所の天文学者へと決定的な変身を遂げようとしているまさにそのとき、測量活動の勢いがそがれたのだ。

セニエルグにとって、ペルーは正式な資格なしで医師として活動する抜け道だった。彼は金鉱を夢見てロシュフォールを出航したにもかかわらず、砂埃の立つ闘牛場で斃《たお》れることになった。測量隊がもっと優れたリーダーシップによって一つにまとまっていたなら、セニエルグがここまで勝手気ままに行動することもなかっただろう。だが、私的医療で得た地位と現金によって――そしておそらくは一箇所に定住できないストレスのために――彼の性格は毒されていた。タルキでの若者の残虐な鞭打ちは、彼の精神的に病んだ面を明らかにしている。彼は残虐な快楽を得ることに耽溺するようになった。攻撃的な性質により、自分を有力者、支配者だと感じるようになった。大尉たちが悪い見本になっていたのかもしれない。ホルヘ・フアンとウジョーアは戦士であり、キトの広場で襲撃者たちを蹴散らし、長官の側近の死を招いた罪を免れていた。しかしセニエルグは彼らと同類ではなかった。彼はクエンカの群衆の心理を読み違えていたし、襲ってきた相手に一撃も与えることができなかった。

遠征に出る前は船酔いが最大の心配ごとだったブーゲは、刀傷からすぐに回復した。ラ・コンダミーヌとジュシューにとって、心の傷から癒えるのはもっと困難だった。セニエルグの遺言執行人に指名された二人には、管理業務を果たす義務が生じた。最高に調子がいいときでも頑健とはほど遠いジュシューは、セニエルグが死ぬまで四日間主治医として病床に付き添ったという心の重荷を背負ってもいた。ラ・コンダミーヌは友人の死について、これは犯罪であり、犯人は罰せられるべきだと考えた。彼は法的な訴えを起こしたが、それは測量隊の不安定さをさらに増す結果となった。遺言執行人であり素人法律家でもあるラ・コンダミーヌは、時間を食う騒ぎに巻き込まれた。測量隊が失ったのは外科医一人ではなかった。何度も危機を脱する推進力となっていた人物が、クエンカでの騒動《トゥミュルト》に端を発する法的なごたごたによって活動に集中できなくなったのだ。

彼ら全員にとって、クエンカは安全な休息所から危険地帯に変わってしまった。広場でのいざこざは大規模な暴動へと発展した。武装警邏と集会禁止令によって町の秩序はとりあえず戻ったものの、ブーゲとラ・コンダミーヌによる告発はクエンカの有力者三人を犯人と名指ししている。市長、法務副長官、そして市民軍司令官ネイラだ。〝ラ・コンパニー・フランソワーズ〟とかかわりを持つ人間にとって、クエンカの道路は依然として危険な場所だった。

測量はこれまで何度も中断していたが、再開は常に比較的容易だった。三角形の測定手順は同じことの繰り返しであり、科学的に複雑ではなかったからだ。だが今、測量隊は新たな方向に目をやり、難解な天文学に焦点を向けねばならない。そのためには、科学的な平常心を取り戻して、最も扱いにくい機器である天頂儀のもとに戻る必要があった。

過去二年間の山での試練に比べれば、測量を完了させるのに必要な観測は、一見、ちょっとした付随的調査にすぎないと思われた。困難な仕事は終わったとアカデミー会員たちが思い込んだのも無理はない。ところがいつものとおり、彼らは自ら問題を難しくしていた。基線を二本引いたため、三角鎖の南端の一カ所から緯度を決定するのではなく、観測所を二箇所設置せねばならない。二重にすることでより正確な結果が得られるものの、完了はさらに遅れる結果になる。天文学者は二班に分かれる。そして天頂儀も二台必要になる。

測量隊の機器職人セオドア・ユーゴーが作業の前線に立った。少し前に、ゴダンはユーゴーに一八フィート(約五・五メートル)のまったく新しい天頂儀を作るよう指示していた。時計職人にとって、これは非常に難題である。巨大な精密機器を作るには、鉄や真鍮の部品を鋳造・加工・変形して、レンズ、支持具、チューブ、金属棒、ねじ、そして最も重要な軸を組み立てねばならないからだ。ゴダンは、この新しい機器を使うことで観測は加速されると確信していた。酷使された一二フィート（約三・六メートル）の古いグラハム天頂儀はブーゲとラ・コンダミーヌが使うことになる。ユーゴーは、この天頂儀を修理して吊り下げ装置を改良する仕事を課せられた。

ゴダンはすぐさま行動を起こした。バニョスの南の基線と三角鎖は、イグレシア・マトリス大聖堂の塔を含むいくつかの測標で結ばれているため、観測所はクエンカに設置することができた。新たな助手は人殺しの訓練を受けた海軍大尉たちだ。ホルヘ・フアンとウジョーアの二人組が警護に当たってくれるなら、〝ラ・コンパニー・フランソワーズ〟への反感によってこれ以上人員が失われることはないだろう。巨大な新しい天頂儀は町の中心部に近い家に注意深く設置され、星空に向けられた。

ゴダンが町の便利で快適な場所から星を観察できたのに対して、タルキの基線に置かれた観測所は人里離れて寒々としていた。ユーゴーが一二フィート（約三・六メートル）のグラハム天頂儀を修理する必要があったため、観測の開始は遅れ、ブーゲとラ・コンダミーヌとヴェルガンが山系のふもと目指して岩だらけの道を南へ歩きはじめたのは一〇月初めになってからだった。タルキの基線近くで見つけられた唯一の利用可能な建物は、建てかけで放置されたままぽつんと立つ教会で、彼らはそれを改修して観測所に用いた。修理を終えたグラハム天頂儀が設置されて準備ができたのは、一〇月半ばになってからだった。教会での生活環境は悪かった。ほとんどの食料は、一七マイル（約二七キロメートル）北にあるクエンカから、川を五回渡って運ばねばならない。いつものとおり地元民は好奇の目を向け、天文学者たちは見物されながら作業することに慣れていった。

毎晩、毎週、二つの班はクエンカとタルキの観測所で空を仰ぎ、雲が晴れるのを待ち、ノートを数字の列で埋めた。彼らが焦点を合わせたのは空で最も明るい星の一つ、オリオン座イプシロン星である。晴れた夜、この星は宝石のごとく輝き、天頂儀のアームは望遠鏡の十字線が遠きイプシロンのきらめきと重なるよう慎重に動かされる。とはいっても、たいていは曇っていた。そして、天頂儀の操作や観測結果の食い違いについて無数の問題が発生した。

タルキの観測所では、同じ星を観察しても、天頂儀のアームに刻んだ目盛りの示す角度は夜ごとに八～一〇秒ほど変化した。その差のせいで、タルキの基線の正確な緯度が決定できなかった。辺鄙な宿舎で、ラ・コンダミーヌは悲嘆に暮れた。この終わりの見えない作業を、「情けなくてうんざりする観測の連続」と呼んだ。

心身を消耗させる夜ごとの観測から一息つけたのは、地元のコミュニティが派手に繰り広げる年に一度の祭のときだけだった。美しく着飾った馬に槍を振りかざした騎手が乗って行う競馬のあとは、無言劇が行われた。役者が演じているのは測量隊の行動だと天文学者たちが気づいたのは、しばらく経ってからだった。

我々が時計を合わせるため太陽の高さを測定しているとき、彼らがこちらをじっと見つめているのを、何度か目にしたことがあった。観測者が四分儀の下でひざまずいて頭をぎこちなく後ろにそらし、片方の手に曇りガラスを持ち、機器の下についたねじを操作し、望遠鏡と目盛りに交互に目を近づけ、鉛直線を調べ、時々走っていって振り子の分や秒を確認し、紙にいくつかの数字を書き、また最初の位置に戻るというのは、彼らにとって不可解な行動だったに違いない。

タルキの人々は何週間も、フランス人天文学者の奇妙な行動を見つめていた。若い役者たちが木と紙で巨大な四分儀を作って測量の儀式を再現すると、やがてラ・コンダミーヌは肩の力を抜き、声をあげて笑った。彼らは非常に正確に模倣していたので、「それが我々のことだと気づかずにいるのは不可能だった」。のちに彼は「一〇年間に及ぶ旅の中で、あれ以上に面白いものを見たことはなかった」と述べた。

クエンカでは、ゴダンも困り果てていた。新しい一八フィート（約五・五メートル）の天頂儀も変則的な値を示していたのだ。観測が可能な夜は少なく、オリオン座イプシロン星の高さは一定ではなかった。いくら天頂儀を調整しても、誤差はなくならなかった。天文学上の難問に加えて、外界では緊張が高まっていた。ラ・コンダミーヌが暴動の実行犯への法の裁きを求めていることが原因で、町では大勢が〝ラ・コンパニー・フランソワーズ〟への敵意をくすぶらせている。怒りが爆発したのは、ある夜、ゴダンとホルへ・ファアンとウジョーアが必要に迫られて観測所の外で重要な測定を行っているときだった。絶対的な正確さを保つために、イグレシア・マトリス大聖堂の塔から観測所までの距離を歩測せねばならなかったのだ。それを測定しないと、観測所での新たな天文観測結果を三角鎖と結びつけられない。夜の闇に紛れてこっそり外へ出た三人組を見つけた数人の女性は、住民を呼び集め、天文学者たちを棒と石で宿舎まで追いやった。一二月、天頂儀につききりになって三カ月を過ごしたあと、ゴダンはようやく観測所の扉を閉めてキトへと向かった。

タルキでは、ブーゲとラ・コンダミーヌとヴェルガンが観測を続けていた。彼らが観測を始めたのはゴダンよりも遅く、観測所を出てキトに戻って新しい観測所を設置するとブーゲが宣言したのは、一月初めになってからだった。ラ・コンダミーヌは終わりが近いことを感じていた。これから行う子午線の北端での天文観測によって、子午線弧の長さが決定される。そのあとは計算するだけだ。そしてフランスに戻る。

これが初めてではないが、ラ・コンダミーヌは別行動を取った。ヴェルガンとともに古いグラハム天頂儀を持ったままタルキにあと数週間とどまり、観測値の不一致の問題を解決しようと試みた。だが、これが機器の欠陥によるものか、なんらかの天文学的な異常のせいかはわからなかった。彼は、三年前ユーゴーに鋳造させた小さな金の玉を用いて、空気抵抗が振り子に与える影響についての実験も行った。重さ二オンス（約五七グラム）の輝く球体はタルキの山の空気中で四時間揺れた。これは同じ重さでもっと大きな銅の玉が揺れる時間よりも一時間半近く長い。一月一六日、彼らは天頂儀を取り外してキトへの二七〇マイル（約四三〇キロメートル）の旅に備えて荷造りし、タルキをあとにした。損傷しないよう、天頂儀は運搬人が運ぶことになる。

ラ・コンダミーヌはこの旅を、クエンカとキトを結ぶインカのグレート・ロードを踏みしめ、四年という歳月親しんできた土地に永久の別れを告げる機会だと考えた。ヴェルガンとともに三週間かけてゆっくり北へ向かい、道中懐かしい友人たちを訪ねたり、やりかけの仕事を片づけたりした。クエンカには数日とどまり、ユーゴーが作った新しい磁石を使って偏角を調べる実験を行った。町の修道士や司祭――セニエルグ殺人事件の最中やその後も測量隊に同情的だった人々――による宣誓供述書を集めた。証言は、測量隊の記録から汚点を取り除くために必要だった。二人はクエンカの温泉に寄り道して水の標本を採取し、その後また北へ向かってリオバンバまで行き、マルドナド家から田舎の邸宅で行われる結婚式に招待された。

荷物が届くのが間に合わなかったため、ラ・コンダミーヌは汚れた旅行用の服でサンアンドレスでの婚礼の宴に出席せねばならなかった。彼はこの宴を、南米で経験した中で「最も豪華で最も華やかな《ラ・プリュス・マニフィーク・エ・ラ・プリュス・ブリヤント》」祝祭として記憶している。彼は三日間を浮かれて過ごしたが、彼に言わせるとこれは遠征中最も長い休暇だった。ようやく荷物が届くと、ラ・コンダミーヌは四分儀を取り出し、ヴェルガンを伴って美しいコルタ湖畔に赴き、鏡のような湖面を利用して屈折に関するいくつかの実験を行った。これ以上のどかな場所は想像もできなかっただろう。過去何カ月ものあいだ難儀してきたあとでは、あまりに素晴らしすぎて、こんな日々が長続きするとは思えなかった。そしてもちろん、長続きはしなかった。

ラ・コンダミーヌとヴェルガンは、「魅惑の地」サンアンドレスからグレート・ロードを通って北へ向かった。キトに着いたのは一七四〇年二月七日で、ブーゲはその数日前に到着していた。タイミングよく、タルキで取り外した天頂儀が運搬人の一団によって運ばれてきた。ブーゲは頼れるユーゴーに、最後の一働きに備えて天頂儀の本体を固定させた。

一一日、ブーゲはヴェルガンとともに、最後の観測所を設置する予定のモハンダ山腹を目指し、町から北へ向かった。ヴェルガンはこのあたりをよく知っていた。一七三六年六月、哀れなクープレと一緒に北の基線に利用できる平地を探しているとき、モハンダの段状の坂道で下調べを行っていたのだ。それから四年、若きクープレは死に、彼は測量隊の年長者ブーゲとともにモハンダに戻ってきた。マルチングイの傾斜した台地を越え、つづら折りの山道を登って峰まで行く。ここにはコチャスキ遺跡の家が点在し、古代文明が宇宙を観測する目的で建てた奇妙なピラミッドが草に覆われて立っていた。「クエンカ事件《ラフェール・ド・クエンカ》」に関する法的手続きのためキトで足止めされていたラ・コンダミーヌは数日遅れてコチャスキに到着し、この場所を「非常に望ましい」と述べた。「最初の基線の両端も、周囲の測標すべても、明瞭に見ることができた」

彼らは一〇週間、交代しながら天頂儀の接眼レンズの下にしゃがみ込み、天頂と、星のタイミングの記録を取った。これによって観測所の正確な緯度が計算できる。いつものように雨や霧や雲に妨害されはしたが、四月末には、ブーゲは満足な観測結果が得られたと宣言した。

あとは、いくつか四分儀による測定を行って観測所と三角鎖とを結びつけるだけだ。彼らは二手に分かれた。ブーゲは自分の四分儀をタンラグアまで持っていき、オヤンバロとコチャスキのあいだの角度を測る。ラ・コンダミーヌは馬でオヤンバロに赴き、コチャスキとタンラグアのあいだの角度を測る。

冒険は終わった。「山中で過ごした二年間を含む四年間の放浪の末」ラ・コンダミーヌは述懐した。「一七四〇年五月一日、私はキトに戻った。そこでじっくりと、あらゆる測定結果を集め、子午線の緯度の値を求めるつもりだ。それこそが数多くの作業の最終目標である」

キトに戻ると、ブーゲは数字に取り組んだ。コチャスキで観測したオリオン座イプシロン星は天頂から南へ一度二六分三八秒の位置にあった。タルキの観測所からは、北へ一度四〇分三五秒。つまり弧の長さは三度六分四三秒となる。あといくつか計算すべき数字があった。オリオン座イプシロン星の傾斜の一月からの変化や視差の影響などだ。だが天文観測は終わった。

一七四〇年五月六日、ブーゲは公証人の前で、「我々測量隊の目的は完全に果たされた」と考えている、と確認する書類に署名した。書類にはラ・コンダミーヌとヴェルガンが連署した。しかし、ブーゲの名前はなかった。

三年後、彼らはまだ南米にいた。そしてまだ空を眺めていた。

キトの作業場《アトリエ》で仕事台の前に屈み込んだセオドア・ユーゴーは、人生最大の難題に取り組んでいた。測量隊の責任者《ル・パトロン》のルイ・ゴダンから、また新たな天頂儀を作るよう命じられたのだ。今度は巨大なものになる。半径二〇フィート（約六メートル）の天頂儀。ロンドンにいる専門的道具職人にとっても大変な仕事だが、合金や天文観測機器用部品が黄金よりも手に入りにくいキトでは、さらに時間もかかる。入念に研磨したレンズ、真鍮板や銅板、鉄の鋳物が必要だ。はんだづけを行い、タップとダイスでねじを切ることになる。そして、巨大で精密な機器を、分解してアンデス山中を運搬し、遠く離れた観測所で再び組み立てられるように設計せねばならない。

ルイ・ゴダンはやり直したいと考えていた。彼はクエンカの観測所での滞在中、オリオン座イプシロン星の高さが変動するように思えることに気づいていた。一八フィート（約五・五メートル）の天頂儀を何度調節しても、動き回る星の位置を定められない。天頂儀の欠陥によって変動する可能性をなくすため、ゴダンはもっと大きく正確な機器をクエンカに持っていき、もう一度観測をしたいと思ったのだ。

間もなくフランスに戻れるという思いはすべて、ペルーの霧の中に消えてしまった。ラ・コンダミーヌは、自分とブーゲも「天頂近くの星の高さに関して、その日によって異なる、不可解で時には非常に顕著な変化」を観測したと述べた。二人とも、この変動は、暑さや寒さ、天頂儀が設置されている泥レンガの壁の湿気による日中の伸縮のせいで機器が小さく動くことで引き起こされたのではないか、と考えていた。ブーゲにしてみれば、この変動はフランスへの帰国を妨げるほど重大なものではなかった。だが、もしゴダンが再観測するつもりなら、ペルーを出ることはできない。三人のアカデミー会員は今回もまた別行動を取った。

ゴダンがキトで新しい天頂儀の完成を待つあいだ、ブーゲは徒歩で海岸に向かった。さまざまな測標の高さの違いによる誤差を修正するため三角鎖を数学的に海抜〇メートル地点に換算する必要があることでは、三人の意見は最初から一致していた。そのためには、設置した測標の一つについて、海面位からの正確な高さを知る必要がある。二年前、ラ・コンダミーヌは目的を果たせないまま終わったキロトア山への遠征で、三角鎖を海水面と結びつけようと試みていた。キロトア山頂から海を見ようと考えていたのだ。ブーゲの今の計画は、マルドナドが新しく建設した道路をたどってエスメラルダス川の谷から海岸に向かいながら高さの測定を行い、四分儀を用いてピチンチャ山頂の測標を観測することだった。助手として召使いのグランジエールを連れていく。しかし測量隊が行った多くの遠征と同じく、計画は容易でも実行は困難だった。

キトを出て一カ月後、ブーゲはラ・コンダミーヌに、自分たちはエスメラルダス川河口の小さな島にいるが、ジャガーが野営地を襲って食料を食べてしまったと知らせた。湿度はひどく、ピチンチャは一度、三分間だけ見えたが、必要な観測を行うには短すぎた。

一方、キトに残された熱血漢の退役軍人は、すっかり輝きを失っていた。のちにラ・コンダミーヌは海岸までブーゲに同行しなかったことで職務怠慢だと非難されたが、自分は天文学上の計算を最後まで行うという「地味な仕事」および「法的訴訟」のせいで、キトにとどまらざるをえなかったのだと反論した。計算は登山よりはるかに困難だった。

自分が着手することになる長い計算式を見て、私はぞっとした。（中略）計算に熟練した者には安楽な作業にすぎなくても慣れない者にとってはちょっと手をつけるだけでも苦痛で厭わしい仕事には、きわめて強い嫌悪感を抱いていた。求める結果がすぐに得られるなら、退屈などとは思わずにすむのだろうが。（中略）最短の方法を知っている者、決して間違うことのない者なら、目標に到達するのにどれほど有利であることか！（中略）白状するが、別の者ならほんの数週間でできたであろう作業に、私は数カ月かかってしまった。

ラ・コンダミーヌは羅針盤や四分儀の扱いには長けていた。振り子や天頂儀には習熟した。けれども計算は苦痛の種でしかなかった。ゴダンは自分の計算結果を教えてくれないため、ブーゲ不在の中、ラ・コンダミーヌは一人で緯度の問題への答えを求めようとしていた。

彼は面倒な計算を行い、セラーノとレオンとネイラへの果てしなく続く訴訟に関与するのみならず、ピラミッド計画の担当責任者《シェフ・ダフェール》になってもいた。これはポルテフェ号がロシュフォールを出航する前にルーブルで立てられた計画で、南米の地にフランスによる測量の記録を残して国王ルイ一五世の科学的業績を称えるのはアカデミーの念願だった。測量隊がフランスを発つ前、アカデミーの姉妹機関の一つであるフランス文学院はゴダンに、「赤道における（中略）計画の中心地を示す」記念碑に刻む文言を知らせていた。だが時を経て、ラ・コンダミーヌが測量隊の記念碑を担当するようになった。最初は一七三六年、赤道上のパルマール岬で海岸の岩に銘を刻んだ。その後一年以上にわたって、四年前に三角鎖に着手した基線にもっと立派な記念碑を二つ設立するための手配を行っていた。タルキの滞在中に石を調達し、グレート・ロードを通ってキトまで運ばせた。そして最近オヤンバロの測標まで行ったときには、エルキンチェに立ち寄って旧友ホセ・アントニオ・マルドナドに会い、「永続的な二つの記念碑」を建てるための材料と労働者を提供してもらった。記念碑は一対の巨大ピラミッドで、ヤルキの基線の両端、地面に埋め込んだ珪石の上に建てることになる。測量隊づき画家モランヴィルが事業の監督を務めることに同意した。アカデミーの碑文は、タルキのそばで切り出された石板二枚に刻まれる。ラ・コンダミーヌは取り憑かれたようにこの事業に取り組み、一七四〇年五月に「この年の残りの大部分は、作業に必要な指示を与えるためエルキンチェや基線やその周辺に赴くことに費やされる」と書いている。ピラミッドは、時間のかかる

――そして最終的には面倒を引き起こす――余分な事業だった。

一七四〇年八月二七日土曜日、キトは不吉な轟音で目覚めた。壁は震え、犬は吠える。揺れは非常に大きい。シャルル＝マリー・ド・ラ・コンダミーヌはベッドから落ち、余震に身構えた。状況は非常に悪く思われた。ゴダンはホルヘ・ファアン、ウジョーアとともに新しい二〇フィート（約六メートル）の天頂儀を持ってクエンカにいる。ブーゲはエスメラルダス遠征から戻っていない。三週間前には、金銀を積んだ数百頭のラバと、砂埃にまみれたリマの将校たちと、スペインとペルーの多種多様な官吏たちがキトになだれ込み、戦争の足音が響いていた。ラ・コンダミーヌは「強烈な警報」のことを書いている。ポルトベロはイギリスに落とされた。カルタヘナ・デ・インディアスは攻撃を受けた。チャグレスのサンロレンソ砦は破壊された。アンデス山脈という障壁によって海岸と分離されているキトは、副王領の金庫室になった。

地震と戦争の混乱に巻き込まれたラ・コンダミーヌは、キトのおしゃべり連中や面倒な輩や噂好きな人々《ヌヴェリスト》の関心がようやく科学への干渉からそれたことを、せめてもの慰めと考えた。測量隊が機器を操作しているのは強欲からではなく知識のためであることを、ペルーの人々はどうしても信じてくれない。だが社会が混沌となり、キトが田舎の僻地から「新世界の富裕者の大半が集まる場所」へと驚異的な変貌を遂げたことで、測量隊の目的への絶え間ない妨害には即時に終止符が打たれた。測地学は地政学に優位を譲ったのである。

地震の日の夜、ブーゲがようやく海岸から戻った。彼の遠征は三カ月以上にわたっていた。アカデミー会員二人は互いに近況を報告し合った。ラ・コンダミーヌはブーゲに、計算はほとんど終わったと告げた。ブーゲは、海岸での観測結果を三角鎖と結びつけるため「いくつかの角度」を測らねばならないと言った。そのためにはコトパクシのすぐ南にあるパパウルコの測標へ再び赴く必要がある。二人は「[我々が]フランスへ発つことについて真剣に考えて」いた。

一七四〇年の九月じゅう、ブーゲは角度測定のためパパウルコ山頂で過ごし、ラ・コンダミーヌはフランスへ帰還する前に解決すべきさまざまな未決着の問題に忙しく取り組んだ。彼は、一七三七年と一七三八年に行った実験よりも長い距離を砲撃音が移動する時間を測って、音速実験を進展させたいと切に願っていた。キトの長官の許可を得て、大砲を郊外のグアプロ村まで運ばせ、ブーゲが戻るのに備えてテントを張った。ピラミッド事業のためエルキンチェに行った。磁気偏角に関するいくつかの観測を行い、忍耐強く計算をした。九月二〇日には、赤道地点における緯度一度の長さの暫定的な値を得た。ヴェルガンも計算を終えた。結果を見せ合い、誤差が「ほんの数秒」だったためラ・コンダミーヌは喜んだ。三角鎖を水平面に換算するための角度をブーゲが持ち帰るまで待たねばならなかったが、あと少しで何年もかかった課題を完結させられると思うと満足だった。ゴダンが天頂儀をいじりつづけたいなら勝手にすればいいが、ブーゲとラ・コンダミーヌにとっては最終的な計算に必要な数字すべてが揃うことになる。

ヨーロッパへの出発が間近に迫り、ラ・コンダミーヌはフランスに送り返す宝物を荷造りした。

トランクには、三年前にリマから送ったのと似た色彩豊かな古い陶器の壺が詰められた。銀製の台がついたものもあれば、燃やした炭で模様が描かれたものもある。クエンカで採取した縞大理石や、ラ・コンダミーヌが「古代のインディオ《オンシャン・ゾンディアン》」と呼んだ人々が昔用いた種々の臼砲や石斧もあった。箱には三年間に及ぶアンデス地方の旅で得たものが入れられた。タンラグア山を流れる川で手に入れた装飾入りの石、水晶、白鉄鉱、化石化した木片二個、「火炎色と黒色の環状模様が入った」サンゴヘビの剥製、それに「グアヤキルの川で捕獲した小型のワニ」。荷物は王立植物園のムッシュ・ドゥ・フェイ宛にした。この「さまざまな骨董品や古代インディオが生産した遺物」による多様なコレクションは、ルーブルにいる仲間のアカデミー会員たちに感銘を与え、熱狂させるに違いない。

ラ・コンダミーヌは、二年間の三角測量で欠かせない存在だった、ゴダンの若きいとこジャン＝バティスト・ゴダン・デ・ゾドネに荷物を託した。「我々の任務に関連した彼の仕事は」ラ・コンダミーヌは述べた。「終了した」。若きジャン＝バティストは自由の身となったものの、フランスへ戻るための金を持たないままペルーに置き去りにされてしまった。測標設置の仕事から解放された彼はカルタヘナ・デ・インディアスへ行って織物を買い、キトで売ることにした。一〇月三日、彼はラ・コンダミーヌの宝物の詰まったトランクを持って北へと旅立った。同じ日、ルイ・ゴダンがホルヘ・フアンとウジョーアを伴ってキトに戻った。彼らは悪い知らせを伝えた。

新しい二〇フィート（約六メートル）の天頂儀を使ったクエンカ観測所での二カ月にわたる作業が、スペイン人将校二人はただちにリマに来るようにとの副王ビラガルシアからの命令によって、突如中断されたのだ。首都防衛のために、彼らの軍人としての能力が必要とされているという。イギリス軍が太平洋まで来たからだ。これは測量隊にとって、新たな危機の始まりだった。ホルヘ・ファンとウジョーアの護衛がなければ、ゴダンはクエンカで作業を続けられない。彼らの召集は天文観測に待ったをかけた。

スペイン人将校二人がリマに向けて発った五日後、ラ・コンダミーヌはブーゲを説得して音速実験を手伝わせた。ヴェルガンはグアプロで、重さ九ポンド（約四キログラム）の砲弾を装填した大砲を受け持った。ブーゲとラ・コンダミーヌは一万五四〇トワーズ（約二〇キロメートル）のところで望遠鏡を覗いた。彼らは三度実験を行い、音速を秒速一七四・五トワーズ（約三四〇・一メートル）と計測した。砲撃音は発射から六〇秒以上かけて、腹に響くかすかな轟音としてラ・コンダミーヌとブーゲの耳に届いたのだった。

ブーゲの秘密の観測所は、ラ・コンダミーヌにとって衝撃だった。それについては何も知らなかった。一七四〇年一一月二日、不完全な観測に関するやり取りの中で、ブーゲはラ・コンダミーヌを町の端にある「辺鄙な場所」に連れていった。鍵のかかった扉を抜けると、ラ・コンダミーヌは設備の整った天文観測所と「きちんと設置された天頂儀」を見て驚愕した。ブーゲは六週間、その年の初めにコチャスキで行っていた観測と同じことをしていたのだ。その瞬間に居合わせた人間がいたとしたら、さぞ興味深い場面が見られただろう。ラ・コンダミーヌはブーゲを非難したか？　定規で彼の頭を叩いたか？　回想録によると、ラ・コンダミーヌは古くからの同国の仲間《コンパトリオット》に「観測の新たな情報」を求め、自分も「参加する」ことを許されるべきだと要求しただけだという。

ブーゲはまだパパウルコで観測を行う必要があったので、ラ・コンダミーヌに秘密の観測所の鍵を渡し、六週間後に山から戻ったら返すよう言い残した。ラ・コンダミーヌはまた天文学者として働けることになったのを喜び、観測所に居を移して天頂儀を扱う儀式を行った――空が晴れるのを待ちながらの夜ごとの監視、望遠鏡の低い接眼部の下でのつらい姿勢、ブーゲの振り子時計の継続的な確認。時計は遅れつづけているが、それは頻繁な雨による湿度が原因だとラ・コンダミーヌは結論づけた。時折話し相手になったり助手を務めたりする奴隷はいたものの、その時代の偏見ゆえに名前は明らかにされていない。セニエルグに仕えていた奴隷の一人だったのかもしれない。数日後、ラ・コンダミーヌは自分のベッドをキトから運ばせた。彼は観測所に引きこもった。天候は最悪だった。

これは、かつて川や山やパラモを熱心に探検した人間にとって、不愉快で絶望的な期間だった。彼は消耗し、何度もぶり返す発熱に襲われた。ある暗い夜、オリオン座イプシロン星が天頂に昇るのを観測所で一人待っているとき、通りに面した扉がきしんで開き、ランタンを持った男性の黒い影が入ってきた。扉は施錠されていたのだが。ゆらめく光を放つランタンを持った人物の後ろには、剣や拳銃を掲げた七、八人の男性がいる。セニエルグを殺したのと同類の暴徒に殺されるに違いないと思ったラ・コンダミーヌは、天頂儀の接眼部の下で凍りついた。ところが訪問者たちは、無力な天文学者に剣や銃で襲いかからなかった。混乱したやり取りののち、先頭の男性は夜警の指揮官だと正体を明らかにした。彼はこの家に人がいることを知らず、鍵をこじ開けたのだった。のちにラ・コンダミーヌはこの事件を面白がり、指揮官は「好奇心ゆえにばつの悪い思いをすることになって」去っていったと述べた。

一一月九日から二三日まで毎晩雨が降りつづいたため、ラ・コンダミーヌはオリオン座イプシロン星をちらりとも見られなかった。するとなる前にブーゲがパパウルコから戻り、少し観測をするため振り子時計が必要だと告げた。時計は壁から下ろされ、ラ・コンダミーヌは自分の振り子時計を設置せざるをえず、正午の太陽をとらえて慎重に時刻を合わせるのにさらに時間を食うことになった。一一月末には時計を設置し終えて天頂儀のところに戻った。数日後の夜、彼は暗い観測所で意識不明になって倒れていた。

のちにラ・コンダミーヌは、自らの症状を「首を伸ばしすぎたことによる頸動脈の圧迫」だと診断した。望遠鏡の下の床で屈み込む姿勢と、振り子時計の下で直立する姿勢を交互に行っているうちに、意識を失ってしまったのだ。天頂儀は彼を殺そうとしている。「幸い（中略）たまたまその場にいた奴隷の黒人が助けてくれた。彼は、私は一度立ち上がり、その後もう一度倒れたと言った」。意識を失っただけも大変な問題だったが、ラ・コンダミーヌは望遠鏡の焦点を合わせることにも苦労した。

彼らは皆苦しんでいた。数ブロック先では、ジュシューが病床で死にかけていた。一二月の初め、彼は悪性の熱《ウン・フィエヴル・マリーニュ》に襲われた。何をやっても熱はおさまらない。彼はそれまでに、当時町で猛威を振るっていた伝染病に倒れたキトの多くの人を治癒させていた。だが自身の病状は悪化し、彼は「自分の抱える問題や思いを整理する」ことを強いられた。しかし哀れなクープレと違って、ジュシューは発汗によって熱を下げ、回復することができた。

町の郊外で観測所にこもっているラ・コンダミーヌにとって、時間はほとんど尽きようとしていた。一二月一六日には、ブーゲはラ・コンダミーヌに観測所から出ることを求めた。期限が迫っても、オリオン座イプシロン星の満足な観測結果はノートにつけられておらず、ラ・コンダミーヌは延長を求めた。彼は一二月末まで粘ったが、オリオン座イプシロン星の高さの変動の原因を突き止められなかった「私は自分の作業からなんの結論も引き出すことができなかった」。三カ月が無駄に費やされていた。

一七四一年に入ると、ルイ・ゴダンが二人に手紙で爆弾を落とした。三角鎖の南北両端からの天文観測をやり直したいという。時計の針は一七三九年に巻き戻され、彼らはもう一度最初から始めることになった。

今回は、三角鎖の両端から同時にオリオン座イプシロン星の観測を行うことにした。同じ日に子午線弧の北端と南端の両方で、星の天頂からの位置を測定できれば、星自身の動きによる変動を考えなくてよくなるだろう。ブーゲはモランヴィルを連れ、一二フィート（約三・六メートル）の天頂儀を持って南のタルキへ行く。ゴダンはユーゴーとヴェルガンを連れ、新しい二〇フィート（約六メートル）の天頂儀を持って三角鎖の北端を越えていく。彼は、ミラという町の近くの農場に新しい観測所を設置することを計画していた。そのあと、追加の測量を行って三角鎖をミラと結びつけるつもりだ。

この新たな作業でのラ・コンダミーヌの役割は、副次的なものだった。キトにとどまり、全長四・五メートルの固定した望遠鏡を用いて両班の観測結果を確認するのだ。終わりのない遠征で身動きが取れなくなったラ・コンダミーヌは故国に宛てた手紙で、アカデミー会員三人は「数カ月この国に留め置かれる」ことになると説明した。彼は――軽率にも――これがアカデミーの人々と対面で再会する前の最後の手紙になると思い込んでいた。二月九日、ブーゲはキトを発ち、最後の遠征となることを心から願いつつ、グレート・ロードを通ってタルキに向かった。

ミラに設置したゴダンの新しい観測所はキトと非常に近かったので、彼は出発を遅らせることができた。取り外したゴダンの二〇フィート（約六メートル）の天頂儀を運ぶ運搬人の一団を従えてユーゴーとヴェルガンがキトを出たのは、三月二日だった。一、三日もあれば、部品を組み立てて調整できるだろうという想定は、あまりにも楽観的だった。出発から二週間経っても、ヴェルガンとユーゴーは、天頂儀の向きを合わせるべき非常に重要な子午線を描くことができずにいた。

キトでは、ゴダンは快適な町の暮らしをあきらめることに気乗りしていなかった。ラ・コンダミーヌがちょっとした〝クーデター〟を起こしたのは、このときだった。口実は、ヤルキの基線上に二つの記念ピラミッドを作ることだった。彼は、アウディエンシアの宮殿まで同行するようゴダンを説得した。そこで長官と相談役は、フランスアカデミー会員二人から、今後ラ・コンダミーヌが「アカデミー会員を代表して、ピラミッドの建設に関するすべてのことについて責任者を務める」ことを知らされた。ラ・コンダミーヌはブーゲが署名した委任状を提出した。こうして序列を覆し、ラ・コンダミーヌはフランスがペルーに残した足跡についての正式な責任者となったのである。

四月には、二つの班は観測を始める準備ができていた。子午線弧の南端では、ブーゲは困難を抱えていた。彼自身よく知っているように、タルキの観測所は山の厳しい気候にさらされている。快適なクエンカからは遠く離れた過酷な地だ。通り過ぎる星を見逃さないため、ブーゲは毎晩何度かベッドを下りてよろよろと外に出、庭を横切って観測所まで行き、時計を確認せねばならなかった。予想どおり天気は悪く、四月半ばにラ・コンダミーヌに宛てた手紙では、観測はまだ二回しかできていないこと、天頂儀の接眼部の調子が悪いことを書いた。ラ・コンダミーヌは代わりの部品を送ったけれど、問題は解決しなかった。

ブーゲは天頂儀の「信頼性」の欠如に苛立っていたが、やがて彼自身の体も不調をきたしはじめた。ラ・コンダミーヌへの手紙で、痛風発作のため観測を中断せざるをえなかったと書いた。ラ・コンダミーヌは当惑した。ブーゲは四年間、ワインに手をつけていなかったのに。その後ブーゲは観測を再開したものの、時計の主要なばねが折れ、進行はさらに遅れた。六月には、オリオン座イプシロン星は空から姿を消した。クエンカで短期間休息を取り、水時計を作ったブーゲは、五本の川を渡ってタルキに向かい、観測所に到着した。ちょうどそのとき立てつづけに地震が起こって二週間地面を揺らしつづけ、天頂儀の微妙な設定を乱した。

北部でも、生活はつらいものだった。自ら認めたとおり、最後の観測におけるラ・コンダミーヌの役割は「この共同作業の中で最も輝かしい部分ではなかった」ものの、協力することでフランスへの出発が早くなるなら「便利屋」を務めるのもしかたないと受け入れていた。自分の比較的初歩的な観測をきわめて正確に行うと決意した彼は、新たな観測所を建てた。外壁に望遠鏡を据えつけることによる温度の差が与える影響を減らすため、建物の内部に厚さ三フィート（約九〇センチメートル）の独立した壁を作った。この壁に、一四フィート（約四メートル）の望遠鏡と接眼部用に作った銅の枠を取りつけ、四本のねじで調節した。以前の観測を改善させ、屋根の窓を下から遠隔操作で開閉できるようにしたので、はしごを上り下りして怪我をする危険は避けられた。「私は機械技師であるのみならず」彼はのちに振り返った。「鍛冶屋、石工、屋根職人でもあった」。そしてこう付け加えた。「そして、この最後の仕事に適性がないことを悟った」

ブーゲ同様、ラ・コンダミーヌも相次ぐ災難に見舞われた。観測所建設のため雇った労働者の一人が、革製で銀の留め金がついた小型のノートを見つけた。高名な地形学者アベ・ド・ラ・グリーヴによってフランス語でまとめられた観測結果や計算表が書かれているものだ。ラ・コンダミーヌは三角測量のとき角度を計算するのにこの計算表を使っており、小型ノートの役割は半ば終わっていた。労働者はこれを祈禱書だと考えて盗んだ。続く災難は町の何軒かの屋根を吹き飛ばした猛烈な嵐で、ラ・コンダミーヌが工夫を凝らした観測所の窓も飛ばされた。雨水が望遠鏡のレンズ取りつけ部分に入り込み、測微計の針金を歪めた。損傷を修復するため、ユーゴーは望遠鏡の端を取り外し、改めて接合し直さねばならなかった。

ミラの観測所でも、作業は順調ではなかった。ゴダンは立てつづけに三度熱病に侵され、三度目の発熱は六週間続いた。それでも、五月と六月にはかなりの回数観測をすることができたが、七月になると天候が急変した。八月末までミラにとどまったけれど、タルキからいい知らせは届かなかった。ミラの天気がいいときは、タルキの天気は悪い。「つまり」のちにラ・コンダミーヌは書いた。「彼らは対になる観測を行えなかった」。オリオン座イプシロン星を同時に観測するという試みには、さらに六カ月の苦痛と苛立ちの日々を要した。

ゴダンにとっては、束の間の中休みがあった。キトに戻って二週間後、ホルヘ・フアンとウジョーアが一年ぶりに戻ってきた。召集されてリマに行った彼らは、イギリス軍の攻撃に備えて前線に立たされ、戦艦二隻の改造や防衛設備の改良に当たっていた。「キトに着いた我々は」ウジョーアは思い起こした。「すぐにフランス人の仲間のもとに戻った。彼らは、我々の帰還をおおいに喜んでくれた」。ところが、その喜びは長続きしなかった。

測量隊の生き残ったメンバーが集合して互いの近況を知らせ合う中で、ホルヘ・フアンとウジョーアはラ・コンダミーヌが彼らの祖国を裏切っていたことを知った。ヤルキの基線に建てた二つの記念ピラミッドの碑文において、測量の物語からスペインが除外されていたのだ。ラ・コンダミーヌのピラミッドに、国王フェリペ五世やドン・ホルヘ・フアンやドン・アントニオ・デ・ウジョーアへの言及はない。まるで、赤道測量はフランス人だけで行ったかのようだ。以前キトの広場で起こったことを考えると、短剣で睾丸を切り刻まれなかったのはラ・コンダミーヌにとって幸運だった。測量隊に貢献したスペイン人とフランス人は、山頂やパラモで絆を結んでいた。彼らは親密だった。互いに命を預け合っていた。それなのに測量を可能にしたスペイン人の名前を記念碑に刻まないなど、考えられないことだった。ラ・コンダミーヌに対する訴訟が起こされ、測量隊は敵意と法廷闘争の暗雲に包まれた。遠く離れたタルキで天頂儀を操作していたブーゲとモランヴィルだけが、直接の悪影響から免れていた。

騒ぎになったのには複雑な事情があった。この侮辱の発端は、フランス文学院が定めた文言にある。この文言は測量隊のリーダーであるゴダンによってペルーの副王に伝えられたが、そのときゴダンは既にピラミッドに関する責任をラ・コンダミーヌに譲っていた。ラ・コンダミーヌは、この碑文がスペイン人大尉にとってどれだけ屈辱的かを理解していなかった。一方ホルヘ・フアンとウジョーアは言葉の微妙なニュアンスを操るのに習熟しておらず、力で決着をつけたがる。口論と訴訟は、ミラの観測所で過ごして天文観測を完了させられたはずの三カ月を浪費した。

一二月にようやく騒ぎがおさまったが、それは遅すぎた。ホルヘ・フアンとウジョーアがユーゴーとともにミラの観測所に向かう支度をしているとき、イギリス軍がグアヤキルからほんの数百マイル南のパイタ港を攻撃して焼き払ったとの知らせがキトに届いた。攻撃を指揮しているのはアンソン提督だ。イギリスの艦隊がホーン岬を回って西側まで来るとは、誰も予想していなかった。太平洋岸の守りは薄い。グアヤキルとパナマは最悪の事態を覚悟した。ホルへ・フアンとウジョーアは再び、今回はグアヤキルのコレヒドールによって前線に召集された。コレヒドールは彼らに金を払って、キトから海岸へ向かう道中で武装兵士三〇〇名を集めさせた。

一七四一年の終わり頃、測量隊はほぼ完全な混乱状態にあった。天文観測に一年以上を費やしながら、子午線弧の両端を定められていない。ホルへ・フアンとウジョーアの善意が失われたのみならず、彼らは戦争に呼び戻された。ゴダンは作業から手を引いている。隊員の二人は死んだ。この時期で唯一の明るい話題は、測量隊員の結婚である。測標設置を務めた若きジャン＝バティスト・ゴダン・デ・ゾドネは既に測量隊から解放されており、カルタヘナ・デ・インディアスへの交易の旅から金を持って戻ってきたが、同時に愛する人も連れて帰った。マリア・イサベル・デ・ヘスース・グラメソンはグアヤキルで生まれ、五歳のとき父親がキトの北にあるオタバロのコレヒドールに任命されたため内陸に移り住んだ。スペイン人の母親はコンキスタドールの先祖を持ち、父親は純粋なフランス人だった。イサベルとジャン＝バティストはキトのドミニコ修道会で結婚の誓いを交わし、フランスでの暮らしを夢見はじめた。

一七四二年一月初め、ブーゲがキトに戻った。一一カ月の不在のあいだ、彼はずっとタルキの観測所にこもっていた。測量隊員の中で、一人で生きるのが最も得意なのがブーゲである。何カ月も孤立して過ごすことに不満はなく、生活のリズムは星の動きに定められ、空き時間は船の設計に関する論文に費やされた。ラ・コンダミーヌはこの禁欲的な友人について、「孤独に過ごす」ブーゲは「非常に哲学的な人生」を追い求めている、と述べたことがある。

再会した二人は今後の選択肢を検討した。互いに口にはしなかったかもしれないが、これは彼らが長らく待ち望んでいた瞬間だった。ゴダンは表舞台から引っ込んだ。測量隊は、アカデミー会員二人とそれを支援する道具職人、地図作製技師、製図工に縮小している。彼らは有能で、足りないところを互いに補える五人組だ。赤道測地測量隊の隊員がパリで厳格な試験と面接によって選ばれていたとしたら、最初から彼ら五人によるチームができていたかもしれない。

彼らは計画を立てた。ブーゲは、天文観測値の違いは何度も乱暴に扱われ修理された一二フィート（約三・六メートル）のグラハム天頂儀の欠陥によるものだと確信していた。そのためグラハム天頂儀を使うのはやめ、ラ・コンダミーヌは補助的天文学者となってゴダンの二〇フィート（約六メートル）の天頂儀を使うことにする。そしてユーゴーはブーゲのために新しい天頂儀を作る。

セオドア・ユーゴーは粗末なアトリエで、道具と、真鍮や銅や鉄の部品、レンズやねじ、ナットやボルトを集めた。そして新たな天頂儀を作るという骨の折れる作業に取りかかった。今度のは半径八フィート（約二・四メートル）だ。

作業を始めたばかりの一月一九日、ウジョーアが前触れなくキトに現れた。薄汚れ、服はぼろぼろで、疲れ果て、一人きりだ。彼は大変な体験をしていた。一カ月前にキトを発ったウジョーアとホルヘ・フアンは、ラバと徒歩と舟で「想像を絶する艱難辛苦の」九日間の旅に耐えてグアヤキルまで行き、作戦会議に参加した。そこで、スペインがグアヤキル防衛の準備を整えているのを、パイタを攻撃したイギリス軍が嗅ぎつけたことが明らかにされた。アンソン提督の艦隊はパナマ目指して北に向かった。作戦会議は、ウジョーアかホルヘ・フアンのどちらかがフランスアカデミー会員との作業を完結させるべくキトに戻ることに同意した。二人のうち年長のホルヘ・フアンが防衛のためグアヤキルに残り、ウジョーアを内陸に戻すことになった。ところがそのときは、一年のうちで旅をするのに最悪の時期だった。川は氾濫し、道は泥だらけ。ある川を渡るとき、二頭のラバがウジョーアの荷物を積んだまま流されてしまった。ラバ追いはラバの尾をつかんで生き延びたが、彼らは四分の一リーグ（約一・六キロメートル）下流まで流された。山の奥に入ると、道の状態はあまりにひどく、ウジョーアが半リーグ（約三・二キロメートル）進むのに一二時間かかった。旅には一五日間を要した。キトに入ったとたん、彼は副王からの命令書を渡された。「私はキトに到着した」彼は振り返る。「だが、さまざまな危険を経て疲れ果てていたため休息することを望んでラバを降りるや否や、長官から（中略）大至急リマへ赴くよう告げられた」。ウジョーアとホルヘ・フアンの二人は、イギリスからペルーを守るため、また召集されたのである。

あわただしく折り返すことになった二日間のキトでの滞在のあいだに、ウジョーアはラ・コンダミーヌと非常に残念な騒ぎを起こした。記念ピラミッドの碑文に関する不和でくすぶっていた悪感情は、強情なフランス人と疲れたスペイン人との衝突によって再燃した。ゴダンがラ・コンダミーヌに二〇フィート（約六メートル）の天頂儀を貸すことになったと聞いたウジョーアは、友人バルパルダ・イ・ラ・オルマサー——陰で長官の側近殺しの糸を引いた王室づき弁護士——にその機器を没収するよう依頼し、自分が軍務から戻るまで誰もそれに近づけないようにという指示を与えたのだ。天頂儀が二つ揃っていないと、ブーゲとラ・コンダミーヌは子午線弧の両端から同時に観測を行うことができない。測量隊は今にも内部崩壊しようとしていた。

アトリエでは、ユーゴーは結局古いグラハム天頂儀の修理もすることになった。そしてもちろん、新しい八フィート（約二・四メートル）の天頂儀も作らねばならない。作業には何カ月もかかるだろう。

測量隊の分裂は間近に迫っていた。ゴダンは失われた財宝を探しにピスケ川へ行った。ブーゲはラ・コンダミーヌの訴訟とピラミッド建設にうんざりしている。ラ・コンダミーヌはブーゲが最近観測所にこもっていることに憤慨している。ところが五月になってユーゴーの天頂儀の作業が完成に近づいた頃、アカデミー会員三人はイエズス会聖トマス大学でフランスアカデミーに献呈する論文を発表することになった。三人が一つの建物に集まるだけでも稀有であり、ましてや同じ演壇に立つなど非常に珍しいことだ。ペルーで彼らが集まるのは、これが最後になる。

その日、イエズス会のおかげである程度の和解《ラプロッシュマン》が成立した。ラ・コンダミーヌはブーゲに、最後にもう一度ピチンチャに戻ることを提案した。三角測量最初の測標と小屋は〝キトのベスビオス火山〟ことルク・ピチンチャに置かれた。彼らの友情は、あの狭い山頂で極寒と嵐に耐えた果てしない夜に固まっていた。だが二人とも、双子峰である五キロメートル西のワワ・ピチンチャには登ったことがない。ワワ・ピチンチャには何度も火山性噴火を起こした巨大な火口がある。最も近い噴火は一六六〇年だった。両名とも、活火山の内部に足を踏み入れたことはなかった。火口の内部を測量するため、ラ・コンダミーヌは自分の四分儀を持っていくことにした。彼らは六月半ばに冒険に出る計画を立てた。一週間ほどキトから離れ、そのあと戻った頃には、ユーゴーは新しい天頂儀を完成させているだろう。ラ・コンダミーヌの冒険のほとんどと同じく、今回も順調には進まなかった。

最初からつまずきがあった。キトから出発する日の朝、ラ・コンダミーヌが頼んでいたラバが現れなかった。苛立ったブーゲは自分のラバと彼らが雇った案内人とともに山へ向かい、ラ・コンダミーヌは輸送手段がないまま寝具と機器の山と一緒にキトの路上に置き去りにされた。彼はキトのアルカルデに助けを求め、運搬用ラバ二頭、ラバ追い一人、地元民二人、代わりの案内人一人を連れてその日遅くにキトを出た。だが日暮れには、彼はラバ一頭とともに雪稜で一人になっていた。同伴者は峡谷や氷点下の気温や暗闇をいやがって先へ行くのを渋ったからだ。「美しい月光だった」ラ・コンダミーヌは振り返った。「私は地形を知っていた。（中略）ところが突然濃霧に包まれ、完全に迷ってしまった」

暗い霧の中、彼は太腿まである湿った草の茂みの中で滑って転びながら、何時間もさまよい歩いた。雨がみぞれに変わる。夜中過ぎ、彼はマントにくるまり、ラバの手綱をわきの下に挟んで、震える体を丸めて夜明けを待った。過酷な寒さに手足の感覚を奪われそうになり、しかたなく午前四時に起き出すと、足に小便をかけて血のめぐりをよくしようとした。夜が明けると、「霜に憤りつつ」山から農場まで下りた。住人は火を熾して彼を生き返らせてくれた。彼は夜までにキトに戻り、新たな案内人を雇った。翌日一四日、ラ・コンダミーヌは再び南への迂回路を通ってチリョガリョまで行き、リョアの尾根を越え、長い峡谷を抜けて、二つの火山のあいだの斜面に向かった。そこではブーゲがテントを張って待っていた。野営にはもってこいの場所だった。二つのピチンチャ山のあいだにあり、ほんの三〇マイル（約四八キロメートル）南にあるコトパクシの銀色の山頂が見える。頭上では、先の欠けた円錐形のワワ・ピチンチャがまぶしくそびえている。軽石と溶岩の山肌は、大量の雪で覆い尽くされていた。

ラ・コンダミーヌを待っていた二日間で、ブーゲは火口の縁の開口部に通じる道を求めて火山の山腹を探索していた。けれども火山の東側は雨水の侵食による割れ目だらけのうえに、深い雪のため登ることができなかった。一五日、二人は開口部を探しつづけた。一六日には、火口の縁まですぐ続いているように見えた岩稜を登ろうと試みた。岩稜の向こうには、険しい雪の斜面があった。ラ・コンダミーヌは一人で進んだが、垂れ込める雲のせいで方向感覚を失った。ブーゲの呼び声のおかげで、安全なところまで下りることができた。一七日、二人は口論をした。ブーゲは火山の横を回って西側から登ってみたいと考えたが、ラ・コンダミーヌは再び直接登ることを望んだ。「私は案内役を買って出た」。あたかも、そうすれば自分たちが死に向かって登るわけではないとブーゲを安心させられるかのように。

棒で深い雪を探り、足を蹴り上げて登りながら、ラ・コンダミーヌは稜線を目指した。案内人として雇った者たちは引き返した。高度を増すにつれて、ラ・コンダミーヌは火口の縁に近づいているとの確信を強めていった。

私は慎重に、火口上のすべてが見渡せる露出した岩に近づいた。外側の斜面から、かなり険しい道を通って岩の向こうへ回り込む。もし足を滑らせたなら、五〇〇か六〇〇トワーズ（約一キロメートル前後）雪の上を転がって岩場まで落ち、大怪我をしたことだろう。ムッシュ・ブーゲは私のすぐ後ろからついてきて、危険を警告した。我々は二人きりだった。（中略）ようやく岩の上まで来た私たちは、そこから火口を見たのだった。

アカデミー会員二人は息をのんで火口を覗き込んだ。火口の切り立った岩壁は「黒みがかって酸化しており」、底には「噴火で崩れた山頂の残骸があった。大きな岩の割れた断片が不規則に積み上がり、私の目には詩人が鮮やかに描く混沌のイメージが見えた」。火口から立ち昇る噴煙は見えなかった。西側に切れ目があることを除けば、火口はほぼ完全な円だった。冷たい風が顔を打ち、手足を凍えさせる中、ラ・コンダミーヌは羅針盤をいじり、将来地図を描けるよう方位を測定した。やがて、ブーゲは安全なところまで下りようと友人を説得することに成功した。彼らはその後二日間ワワ・ピチンチャにとどまり、火口に入れそうなルートを見つけようとした。下山する前には、コトパクシが突如「旋風のごとく煙を」噴出する尋常ならざる壮観な光景を拝むことができた。

キトに戻ると、ユーゴーは二台の天頂儀の作業を完了していた。数日後、ブーゲは召使いに、最後の同時観測のため観測所の用意をしておくよう指示して、取り外した天頂儀を北のコチャスキまで運ばせた。早く天文観測を終えたいというブーゲの苛立ちに反して、ラ・コンダミーヌはぐずぐずしていた。彼には、副王領を出る前にやり終えるべき仕事の無限のリストがあるようだった。彼は「ピラミッド事件」の判決を待っていたし、クエンカの暴動についてはまだ手紙のやり取りが続いていた。裁判には何千ページもの文書が提出され、ラ・コンダミーヌはフランスに送り返せるようそれらの写しを作って綴じることに固執していた。ユーゴーは新しい「金属棒」の振り子を作っていて、ラ・コンダミーヌはキトを発つ前にそれを試したがっている。ラ・コンダミーヌは精巧な青銅の物差しの製作も頼んでおり、それを記念品としてキトに置いていくつもりだった。厚さの異なる種々の金属の膨張についての実験もまだ終わっていない。ラ・コンダミーヌはそれぞれの金属を、太陽、沸騰した湯、雪にさらしたいと思っていた。昼も夜も、未完成の事業や魅力的なアイデアが彼の目の前で飛び跳ねている。あたかも、ばねの詰まった箱を開け、それらが無秩序な弧を描いて跳ね回るのを制御できなくなったかのようだ。ヨーロッパに戻るための資金を至急工面する必要がある。必要なくなった品々は売りに出された。サン＝ドマングでラ・コンダミーヌが買い、数多くの山々――いちばん最近ではワワ・ピチンチャ――で使ったテントはキトの中央広場に張られて、「狩りに情熱を燃やすある紳士」に買い値より高く売れた。フランスに戻る旅の計画に貴重な時間が費やされた。いかにもラ・コンダミーヌらしく、彼はブーゲとともにカルタヘナ・デ・インディアス経由で旅をするのではなく、可能な中で最も興味深い（そして最も危険な）ルートを通って一人旅をすることに決めていた。

ブーゲは苛立ちのあまり最後通牒を突きつけた――ラ・コンダミーヌが二週間以内にキトを発ってタルキの観測所に向かわないなら、最終的な観測は取りやめにする、と。これ以上待つのが耐えられなくなり、ブーゲはコチャスキの観測所へと出発した。ラ・コンダミーヌはあわてて天頂儀の調整を終え、取り外して、タルキへの輸送用に作らせた専用の木箱に詰めた。木箱は六人の運搬人に運ばれ、モランヴィルに付き添われて、八月四日にキトをあとにした。翌日、ラ・コンダミーヌはヴェルガンの協力を得て一連の振り子実験を行い、九日に新しい金属棒の振り子を持ってピチンチャに登った。そして五日間、キトに戻らなかった。

ラ・コンダミーヌが八月一四日にピチンチャから下山すると、部屋は強盗に荒らされていた。金属の膨張についての実験結果を刻んでおいた重い鉄の物差しもない。物差しは重さ七、八ポンド（約三・二一～三・六キログラム）ほどあり、キトの裏道では七、八オンス（約二〇〇～二三〇グラム）ほどの銀と交換できただろう。

物差しの盗難は「非常に困難な労働の成果」の喪失以上の意味があった。貴重な金属が失われたのだ。キトでの科学活動が終わった今、測量隊の機器は救済のための通貨になっていた。故国までの長旅の費用をまかなうには、ラ・コンダミーヌとブーゲは集められるだけの資金を集める必要がある。盗難の三日後、ラ・コンダミーヌは「機械類に強い興味を持つ」ことで知られる司祭と契約を交わした。ラ・コンダミーヌにとって、それはつらい交渉だった。彼が売り払おうとしているのは大切にしていたルーヴィルの半径三フィート（約九〇センチメートル）の四分儀、何年も前にエスメラルダス川経由で苦労して運んできた、あの頼もしく扱いにくい代物だったからだ。しかしこの機器は既に目的を果たしており、機器を運ぶのに要するラバ二頭の費用と手間は大きすぎる。司祭は四分儀に一五〇〇リーブルを払った。ラ・コンダミーヌがパリで買った値段より六〇〇リーブルも高い。ラ・コンダミーヌはゴダンに代わってグラハムの時計も売った。おそらくアンデス山脈の道中を耐え抜いた中で最も高価な機器だ。それはキトのドミニコ会大学学長の手に渡った。「このように」ラ・コンダミーヌは記している。「一般的に科学と芸術《レ・シオンス&レ・ザール》が育まれない国でも、少数の人々はこうした素晴らしい情熱を有しているのである」

　ピチンチャを下山した六日後、ラ・コンダミーヌは「［彼の］行程を遅らせる可能性のあるものすべてを除去した」ことで自らを称えた。タルキとその先で必要になる機器と書物と荷物をまとめた。二〇日に荷物をクエンカまで運ぶようラバの隊列を予約した。ラバの歩みが遅いのを考慮して、ラ・コンダミーヌはその一〇日後に、リオバンバまでグレート・ロードを運行する速い乗合馬車の一種〝ディリジョンス〟でキトを発つ計画だ。とはいえ、ペルーにおける計画が挫折しがちなのは、誰よりもラ・コンダミーヌがよく知っている。二〇日の朝、彼は自分が歓迎されざるよそ者であることをまたしても思い知らされた。頼んでいたラバは都合がつかないと言われたのだ。

キトでの最後の一〇日間は多忙をきわめた。今まで放置していたのだが、ヤルキのピラミッドまで治安判事に付き添うことが求められていた。また、既にコチャスキの観測所にいるブーゲと会うための最終的な計画を立てねばならなかった。そして、エルキンチェの友人たちに別れを告げねばならない。この用事は、キトの北の田舎を通る短い旅のときに行うつもりだ。それは胸の痛む遠征になった。ラ・コンダミーヌはアウディエンシアの役人とともにピラミッドのところでブーゲと会い、二人のアカデミー会員は最初の三角形の視線に沿って、ピチンチャ、タンラグア、パンバマルカの測標を最後に一度見ることができた。パンバマルカでは、ラ・コンダミーヌが設置した木の十字標が、小さなシルエットとしてまだ見えていた。当然のことながら、ラ・コンダミーヌは何もないところからでもささやかな冒険を生み出すことができた。

時間を節約するため、二人のアカデミー会員はエルキンチェへの道中にあるケブラダの端に、ラバ追いとともに寝具と荷物を置いていた。エルキンチェでは友人で司祭のホセ・アントニオ・マルドナドのところに二晩ほど泊まるつもりでいる。だがカラブロのピラミッドをあとにしたときには日が落ちかけていて、ケブラダまで来たときにはもう遅く、夜までにエルキンチェにたどり着けそうになかった。ラ・コンダミーヌは、ラバと荷物は残していって翌日追いつくようにさせ、自分たちだけでもこのままエルキンチェまで行きたいと考えた。しかしブーゲは、一緒に夜じゅう旅をしようという誘いを断った。彼は「コトパクシでの冒険を覚えていたらしく」ラ・コンダミーヌは記している。「寝床から離れることを望まなかった」。いつものように二人は互いに譲らず、ラ・コンダミーヌは暗闇の中を進みつづけ、ブーゲはケブラダの端で寝具を広げて星空の下で一夜を過ごした。

ブーゲとラ・コンダミーヌは、エルキンチェで「ホセ先生殿」のもとで過ごした二日のあいだに、子午線弧の両端での同時観測に関する段取りについて、ラ・コンダミーヌいわく「決定的に合意する」ことができた。これが、正しい値を得る最後のチャンスになるだろう。ブーゲはコチャスキでの観測を始める準備がほぼ整っていた。移動にかかる時間を考慮し、ラ・コンダミーヌは二、三週間後にタルキで観測ができるよう準備する予定だ。今回は、キトとクエンカの中間地点エレンの大農場に置いた基地を通じて、二人が互いの観測結果を伝え合うことができる。データは二週間ごと送ることにした。八月二七日、二人はエルキンチェの郊外まで一リーグ（約六・四キロメートル）ほど一緒に行き、そこで別れた。二人とも、自分たちはフランスで再会するか、二度と会わないかのどちらかになることを知っていた。

キトに戻ったラ・コンダミーヌは、書斎の割れた扉を見て唖然とした。また泥棒が入ったのだ。ブーゲに別れの挨拶をしたあと、彼は二七日のうちに戻っていた。ピラミッドに関する報告書を書いてアウディエンシアのオフィスに送り、荷造りをする。そして三一日、ついに「長らく待ち望んだ瞬間」に到達し、「馬に乗ろうと準備をしているとき、このうえなく残酷で予期せぬ出来事が起こったのである」

小箱がなくなっていた。テーブルの上に置いてあったのに。最も貴重な持ち物を安全に保管するため使っていた小箱だった。既にクエンカに向けて発ったラバの隊列に託すのではなく、キトで手元に置いていたのだ。鍵をかけた蓋の下には、残された宝物が入っていた――銅と金のイヤリングとノーズリング、穴を開けたエメラルド、いくつかの「サンティアゴ川の河口近くで見つけた、非常に上質の黄金で作られた小さく精妙な作品」。故郷へ戻る旅に備えて貯めていた現金も小箱に入っていた。そして、何よりも大切な、観測結果や計算結果を記した日誌まで。

まさに血も凍るようなぞっとする大惨事だった。ペルーで彼の身に降りかかった無数の災難の中でも、日誌の損失ほど衝撃的なものはなかった。アカデミーを留守にしていた年月をどう過ごしたかを示す、唯一の証拠品。いわばパリに戻るために必要なパスポートだ。「正直なところ」のちに彼は振り返った。「私は絶望に身を委ねそうになった」

ラ・コンダミーヌは呆然としたままキトのコレヒドールに助けを求めた。コレヒドールはその日のうちに、目撃者は申し出るようにとのお触れを出し、盗品の持ち主は日誌が返還されるなら現金はあきらめるだろうと告げた。その夜、空が割れ、キトの屋根には雨が激しく打ちつけた。ラ・コンダミーヌの雨量計は八日盛り上昇した。

四〇時間という長きにわたって、ラ・コンダミーヌは一人でぼんやりと過ごした。九月二日の夜明けに部屋の扉を開けて外に出ると、庭中央の噴水の横に包みが置かれていた。ほっとして包みを開く。日誌があった。だがその後、小型ノート二冊がなくなっていることに気がついた。泥棒がそれを手元に置いた理由に思い当たったのは、しばらくしてからだった。ノートの一冊には『ピチンチャ』、もう一冊には『コトパクシ』との表題が書かれていたのだ。どちらも、「私たちが山々を旅する秘密の目的だと多くの人が思い込んでいた」未発見の金鉱があると噂されていた山だった。

窃盗事件と、「ピラミッド事件《ラフェール・ド・ピラミデ》」に関するキトの治安判事とのさらなる問題のため、ラ・コンダミーヌは九月四日までキトにとどまった。そしてようやく、出発の時が来た。雨量計はイエズス会のミラネシオ神父に譲った。

キトの町が徐々に小さくなっていく。ラ・コンダミーヌは複雑な感情を覚えていた。

> 二年間キトで経験した数々の不愉快な出来事に次いで起こったこれ［窃盗］も、気候の穏やかさと変動のなさゆえに強く勧められ、数年間の滞在によって何人かの友人を得たと自負できる土地を去るに当たっての悲嘆を、和らげてくれることであろう。

キトを目にすることは今後二度とないだろう。

グレート・ロードのがたがた道の最後の道中、ラ・コンダミーヌは多くの場所に立ち寄った。彼は前もって、コトパクシの近くに友人マエンザ侯爵が所有する屋敷まで四分儀を送っていた。ここでいったん停止して、最近の噴火で火山の高さが低くなるほどの量の雪が溶けたかどうかを確認する予定だ。これが初めてではないが、アンデス山脈にかかる雲が科学的調査を「無益なもの」にし、落胆した彼は一日だけ滞在したあと南への旅を続けた。

アンバトの郊外で、彼は再び足を止めた。今回はペドロ・ビセンテ・マルドナドの大農場にちょっと寄り道をする。マルドナド兄弟のうち、ラ・コンダミーヌが最も親しかったのがペドロである。エスメラルダス川沿いの道路の開通、地図作製事業、測量隊への金の貸付という尽力により、彼はアカデミー会員たちから感謝と好意を勝ち得ていた。そして今、ラ・コンダミーヌは計画を仕上げようとしていた。二人が同じ危険を冒すことになる計画だ。彼らはアンデス山脈の東側のラグナスで落ち合ってアマゾン川を下る。海岸に出たらヨーロッパに向かう船を探すつもりだ。先にラグナスに着いたほうが、もう一人を待つ。臨機応変に対処できる、大ざっぱな計画だった。

ラ・コンダミーヌとマルドナドは一緒にアンバトから南へ向かった。リオバンバ郊外のエレンの大農場に行く。マルドナドの義兄ホセ・ダバロスと、多国語を話す彼の娘たち――ラ・コンダミーヌが「フランス語の女神たち《デ・ミュゼ・フランソワーズ》」と呼んだ若い女性――の住まいである。三人娘の長女の信仰心は揺らいでいなかった。ラ・コンダミーヌが初めてこの農場に足を踏み入れてフランス語を話す家族に魅了されてから四年後の今もなお、マリア・エステファニアはカルメル会の修道女になると心に決めていた。エレンの大農場は、過去に測量隊におおいなる慰めを与えてくれた地だった。そして今は、この天文学の冒険の最終章において決定的な役割を演じようとしている。エレンはこれから行うタルキとコチャスキでの観測期間中、中継基地――〝連絡の中枢《コレスポンダンス・シュール》〟――になるのだ。

グレート・ロードに戻ったラ・コンダミーヌは、クエンカには長居しないと決めていた。キトを発って二週間が経過しており、ぐずぐずしていたらブーゲと同時観測する機会を逸してしまう。それに、クエンカは楽しい思い出のある地ではない。多くの友人がいるわけでもない。時計と服の入ったトランクを取りに行くと、蓋は開いていて、中身の半分は失われていた。下手をすれば悲惨な盗難になった可能性もあるが、盗人は歯車や振り子のついた不可解な箱には目もくれず、ラ・コンダミーヌの服を奪っただけだった。「泥棒が数学的な器械よりもシャツを必要としていた」のはなんと幸運なことか、とラ・コンダミーヌはしみじみ思った。

だがシャツを失った災難は、今後起こる問題の予兆だった。タルキの粗末で孤立した観測所を準備したのはモランヴィルだ。そのモランヴィルは数日前に到着していた。一二フィート（約三・六メートル）の天頂儀は壁に取りつけられているが、ラ・コンダミーヌは機器の向きを子午線に合わせるのに苦労した。グノモンも鉄の留め金もなくなっている。ブーゲはそれらを取り外し、コチャスキの観測所で使うために持っていったのだ。しかも、キトからの道中に、四分儀の脚の一本がねじとともに盗まれていたことがわかった。ラ・コンダミーヌは木で代わりの部品を作った。一〇月になっても、彼はまだ正確さを増すため天頂儀の軸をいじっていた。天気は最悪だった。

タルキに来て一カ月経った頃、ブーゲから驚くべき手紙が届きはじめた。ブーゲは八月末に観測を始めており、今は「充分に行ったと判断して、同時観測をやめることにした」という。ラ・コンダミーヌが短い返信で不機嫌に怒りをぶちまけたのも当然だった。彼は、最初に同時観測を試みたときブーゲはタルキで三カ月を費やしたのに一つの結果も得られなかったことを指摘した。

ムッシュ・ブーゲが私に向かって苛立ちを表現したことで、私自身の苛立ちがいっそう募った。嵐によって収穫物を失う危険に直面した農夫でも、私が晴れた夜を願う以上に熱心に晴れた昼間を願いはしないだろう。しかしながら、雨がやんだと思うと霧が出て、雨以上に長く続いて私を悩ませるのである。

ブーゲは観測を続けることに同意した。ところが、湿気のせいでラ・コンダミーヌの時計が狂いはじめた。そのうえ地震のために天頂儀が動いた。一一月は雨、霧、地震の連続に思われた。ついに一一月の末、タルキの夜空から雲が消えた。そしてコチャスキでは、二九日にブーゲはオリオン座イプシロン星の高さを測定した。ラ・コンダミーヌも同じことを行った。三〇日には、コチャスキでもタルキでも夜空は晴れていた。初の同時観測を成し遂げたことを知らないまま、二人は一二月じゅう天頂儀のそばを離れず、空が許す限り観測を行った。やがて朗報が交わされた。ダバロス家の拠点を手紙が行き交った。計算が始まった。先に答えに到達したのはブーゲだった。

一七四三年一月下旬、彼は赤道地帯での緯度一度の長さを五万六七五三トワーズ（約一一〇・六一一キロメートル）と計算した。パリと北極圏での長さがそれぞれ五万七〇六〇トワーズ（約一一一・二二〇キロメートル）と五万七四三七トワーズ（約一一一・九四五キロメートル）だったことから考えても、緯度一度の長さは極点近くよりも赤道地帯のほうが短いことが疑いの余地なく証明できた。地球は本当にニュートン派の学説どおりだったのである。

フランスもスペインも、合同科学遠征隊は成功したと主張することができた。表舞台には立っていないものの、イギリスはニュートン派の学説と意義深い小道具、すなわち最新の機器を提供している。地球の形は国際協力により決定された。航海や貿易は今後ますます盛んになるだろう。だが測量隊の成果はそれにとどまらない。主要メンバーの相互補完的な能力、相反する関心、対立する個性すべてが、好奇心を促す触媒だった。彼らは測地学に限定されない幅広い学問に関する新たな観察結果をヨーロッパに持ち帰った。キニーネやゴムやプラチナから、重力や磁気や天文学的異常まで。音の速さから、度量衡の国際単位の必要性まで。ラ・コンダミーヌは主要インカ遺跡を初めて測量した結果を発表した。ホルヘ・フアンとウジョーアは人道犯罪を調査した。赤道測地測量隊は〝探検〟への強い衝動に動機づけられた、新たな形の遠征隊の原型だった。

山岳地帯では、彼らは〝不動点の騎士《ロス・カバイェロス・デル・プント・フィーホ》〟と呼ばれるようになった。地元民にとっては既知である世界を必死で測定したり観測したりする執着心は、理解しがたいものだった。ヨーロッパからの訪問者たちは新発見や物語を収集していた。ゴダンとブーゲとホルヘ・フアンが数字の世界に集中していたのに対して、ラ・コンダミーヌとウジョーアは目で見、鼻で嗅ぎ、耳で聞き、口で味わい、手で触れた世界から言葉を紡いだ。知識の普及には計算者とともに語り手も必要だ。彼らのフランスのパスポートには、天文学者《アストロノーム》、測量士《ジオメートル》、植物学者《ボタニスト》などと書かれていたが、南米は彼らを地理学者にもした。大陸の海岸と内陸を探索して一〇年間を過ごす中で、活火山や生い茂る熱帯雨林が農地の畑や轟く雪解け水による地面の割れ目と互いに影響し合って共存する世界の形を明らかにした。インカの時代から人々が住む村は、中央に広場や教会が置かれた近代的なスペイン風の町と、谷を共有している。バルサ材のいかだ、丸木舟、ガリオン船は同じ海路を進んだ。都会や田舎の人間模様は諸民族の神経系で、その毛細血管は南米、カリブ海、アフリカ、ヨーロッパにまで及んでいる。不平等で不公正な階級制度は非常にはなはだしく、ウジョーアは生涯心を痛めていた。アカデミーが初めて地理学者を会員に迎えたのは、測量隊がロシュフォールを出航する五年前だった。測量隊の帰還後、地理学は天文学から測量と地図作製法を吸収して新しい学問として台頭し、物理的な世界の優れた力を熱心に理解しようとする支持者を集めた。ウジョーアはホーン岬を回って帰国するためリマを発つのに備えて荷造りをしながら、国王は「地理学と航海術という有用な学問の促進に関する自分の偏見のない見解に、完全に失望はしないかもしれない」と考えていた。

赤道測地測量隊は、国も経歴も異なる異質な人間の寄せ集めであっても、知恵を出し合って共通の問題を解決できることを実証した。彼らは新たな世界を開いた。さまざまなアイデアを組み合わせた。あきらめず苦労して改良を重ねていけば結果が得られることを理解していた。彼らは科学の未来を証明したのである。

XIV

ピエール・ブーゲ

一七四三年二月にキトを発ったあと、ブーゲは測量隊でヨーロッパに着いた最初のメンバーになった。七カ月にわたるカルタヘナ・デ・インディアスまでの労苦に満ちた陸上の旅によって資金が足りなくなったが、それでもサン＝ドマング行きの船に乗った。サン＝ドマングで奴隷を売り、召使いを解放して、ヨーロッパまでの旅のために二〇〇〇リーブルを確保した。アイルランド籍の奴隷船で大西洋を渡り、一七四四年五月にフランス上陸。翌月、九年間の遠征を充分に活用しようと心に決めてルーブル宮殿に入っていった。彼はアカデミーで人気の科学者となり、天文学、数学、航海学、物理学と広範囲にわたって論文を書いた。一七四六年、延び延びになっていた造船工学に関する論文『船舶論』をついに発表した。次いで一七四九年には赤道測地測量隊の活動を記録した『地球の形状（*The Figure of the Earth*）』（未邦訳）を刊行した。ゴダンの評判が落ちたのとは対照的に、ブーゲはアカデミーの理事になった。ブルターニュ出身で渋々船乗りになった男は、火星のクレーターと小惑星の名前になった。気象学者は、〝ブーゲの暈《かさ》〟という用語で彼のことを記憶している。彼がパンバマルカ山上で観測した、後ろから照らされた彼の姿が虹色の光輪に囲まれて雲に投影された現象である。地質学においては、〝ブーゲ異常〟は地表下の岩の密度の違いを原因とする地球の重力場における変異を意味している。ブルターニュでは、ル・クロワジックで最も有名な男性の銅像が、腰から四分儀を提げ、手に三角測量図を持って港を見渡している。ペルーで禁酒を貫き、パリで未婚のまま過ごしたピエール・ブーゲは、科学に人生を捧げた。一七五八年初頭、アメーバ赤痢に斃れる。

シャルル＝マリー・ド・ラ・コンダミーヌ

三角鎖の南端でモランヴィルとともに無事天文観測を終えたあと、ラ・コンダミーヌは困難なルートを通って帰国する計画を実行に移した。セニエルグから引き継いだ奴隷の一人を連れて一七四三年五月一日にタルキを発ち、ロハでキナノキの苗木を収集し、クエンカのアルカルデが投獄されたことへの復讐を目論む暗殺者の手をかいくぐった。山道や浅瀬や揺れる吊り橋を通って、山系のあいだを縫い、アマゾン川の源流に向かう。マラニョン川の支流でバルサ材のいかだを作らせ、この危なっかしい乗り物で何度も岩にぶつかりながら、ポンゴ・デ・マンセリチェの悪名高き渦巻く急流を進んでいった。急流を下りはじめて五七分後、「巨大な森の暗闇をあらゆる方向に貫く入り組んだ湖や川や水路に囲まれた、大きな淡水湖」に出た。ラグナスであらかじめ計画していたとおりマルドナドと落ち合って、全長四〇フィート（約一二メートル）の丸木舟二隻でアマゾン川を下り、地形や人間を観察して記録し、地図を作り、標本を集め、実験を行った。一七四三年九月二七日、彼らは南米大陸の東側、北大西洋に面したベレンの海港に到達した。戦争のためフランスへの帰還は遅れ、ラ・コンダミーヌがついにパリに到着したのは一七四五年二月だった。ルーブルに戻ると、ブーゲはアカデミーの寵児になっていた。ブーゲが自然科学に固執したのに対して、ラ・コンダミーヌは南米における測量隊の驚くべき冒険の語り部として人気を博した。ヴォルテールは、この友人がアカデミーに行く途中で立ち寄ってカフェオレを飲んだことを書いている。ラ・コンダミーヌはペルーでの経験や発見について多くを書き残した。『赤道への航海日誌（*Journal of the Voyage made to the Equator*）』（未邦訳）と『南半球の子午線最初の三度の測量（*Measure of the First Three Degrees of the Meridian in the Southern Hemisphere*）』（未邦訳）は一七五一年に出版された。彼は時代に先駆けて、すべての国が長さの標準単位を採用すべきだとの提案を行ったが、フランスの法律で一メートルが北極点と赤道の距離の一〇〇〇万分の一の長さと正式に定義されるのは半世紀後のことになる。ラ・コンダミーヌは一七五六年に結婚した。一七七四年、新しいヘルニア手術式の臨床試験を受け、敗血症で死亡した。自らの論文を旧友モーペルテュイに遺贈した。

ホルヘ・ファン・イ・サンタシリア

一七四四年一月にホルヘ・ファンとウジョーアが軍務から戻ると、キトにいたのはゴダン一人だった。一七四四年一月から五月までのあいだ、三人はミラの観測所まで三角鎖を北に延ばしていき、しまい込んでいた二〇フィート（約六メートル）の天頂儀を用いて、三角鎖の北端の位置を決定する天文観測を完了させた。ブーゲやラ・コンダミーヌと違って、三人は三角鎖の両端からの同時観測は試みなかった。緯度一度の長さとして最終的に算出した値は五万六七六七トワーズ（約一一〇・六三九キロメートル）で、ブーゲとラ・コンダミーヌが出した値より一四トワーズ（約二七メートル）長い。これは驚くほど小さな誤差であり、地球は確かに扁平だとの結論が裏づけられた。ヨーロッパに戻る前、大尉二人は調査結果の写しを作り、どちらかが生きて航海を終えられなかった場合に備えて別々の船に乗った。二隻は一七四四年一〇月、カヤオからホーン岬を回って大西洋に向かう航海に出た。ホルヘ・ファンは一七四六年初頭にマドリードに着いた。大佐に昇進した彼は、スペイン国務長官エンセナーダ侯爵から、ウジョーアとともに国費で遠征の記録をまとめて提出するよう指示された。ホルヘ・ファンは一〇年間の遠征の科学的側面を述べた一巻を著した。一七四九年、彼は諜報員としてイギリスに派遣された。〝ミスター・ジョスーズ〟の偽名で旅をしながら軍艦建造や軍備力に関する情報を集め、発見内容を数字の暗号にしてエンセナーダに伝えた。その後は王に仕える紛争調停役として、防衛、工学、採鉱、灌漑などの分野で活躍した。

一七六七年にモロッコ大使に任命され、晩年はマドリードに戻って王立貴族学校の校長として過ごした。未婚を貫き、一七七三年に没した。時を経て、彼の生涯の業績はさまざまな形で称えられた。彼の名は二〇世紀のスペイン海軍駆逐艦二隻の船尾に書かれ、故郷バレンシアにはホルヘ・ファン通りがあり、彼の肖像は一万ペセタ紙幣の裏面を飾った。

アントニオ・デ・ウジョーア・イ・デ・ラ・トーレ＝ギラル

測量隊に参加したスペイン人大尉二人のうち年少のウジョーアは、ほとんどの場合ホルヘ・ファンよりも下の立場だった。一七四四年にカヤオを発つときも、ウジョーアは二隻の商船のうち小さいほう、船足が遅くて水漏れのするノートルダム・ド・ラ・デリヴランス号に乗船した。無事にホーン岬を回ると、デリヴランス号は港が既に攻め落とされていることを知らないまま、イギリス軍に遭わないようルイブールに避難しようとした。機密情報が敵の手に渡るのを防ぐため、ウジョーアは書類の多くを船外に投げ捨てた。彼はイギリス軍の捕虜となって大西洋を渡り、ポーツマスの近くで投獄された。やがて、ロンドンの王立協会会長が、赤道測地測量隊のメンバーの一人がハンプシャー州の刑務所で衰弱していることを聞きつけた。ウジョーアは解放され、ホルヘ・ファンより数カ月遅れて一七四六年七月にマドリードに着いた。再会の二週間後、二人は本を著す計画を提出した。『南米諸王国紀行』（岩波書店、牛島信明訳、一九九一年）五巻のうち四巻はウジョーアが執筆した。この大変魅力的な紀行文は一七四八年に出版され、数カ国語に翻訳された。執筆を終えるや否や、彼は政府から、南米の「これらの王国の市民の統治や政治に関する機密報告書」を提出するよう命じられた。報告書で、ウジョーアはスペイン領植民地の病弊を遠慮なく糾弾した。ミタ制の不公平さ、コレヒドールたちの暴政、聖職者による村人の搾取、ヨーロッパから来たスペイン人と現地に定着した入植者との摩擦。ウジョーアの秘密報告書が一八世紀に公表されていたなら、スペインじゅうに衝撃が走ったことだろう。『アメリカ機密情報（*Secret News about America*）』（未邦訳）は一八二六年にようやく出版され、今なお赤道測地測量隊から生まれた画期的な著作としての地位を保っている。彼は執筆、読書、研究、実験に傾注していたが、水銀鉱山の腐敗を一掃するため再びペルーに配属され、その後ルイジアナ長官としてニューオーリンズに派遣された。二度、大西洋艦隊の司令官として海に呼び戻された。カディスでは、好奇心から、電気や人工磁性、太陽反射、魚の血液循環などについて研究した。また、不変色インク、製本、金属製活字型の研究も行い、スペインの織物業者にきめ細かい毛織物を紹介した。一七八〇年代末にウジョーアを訪問したイギリス人聖職者は、その印象的な場面をこう描写している。「この偉大な人物は、体は小柄で、驚くほど痩せ細り、加齢によって背中は曲がり、百姓のような服装で」二〇フィート（約六メートル）×一四フィート（約四メートル）の部屋に住んでおり、その部屋には「椅子、机、トランク、箱、本、紙、ベッド、印刷機、雨傘、服、大工道具、計算道具、気圧計、時計、銃、絵、鏡、化石、鉱石や貝殻、ヤカン、ベーコン、水差し、アメリカの骨董品、現金（中略）が乱雑に散らばっていた」。ウジョーアは命が尽きるまで執筆を続けた。『海軍の三人の息子との対話（*Conversations with His Three Sons in the Naval Service*）』（未邦訳）は一七九五年、彼が没した年に出版された。

ルイ・ゴダン

測量隊が一七四四年に解散したとき、かつてのリーダーは、地球の形を決定する数字を計算する意志も手段も失っていた。借金にまみれ、仲間はいない。パリではモーペルテュイが、ゴダンは「使い込みにより恥をさらし」、仲間のあいだに「救いようのない憎悪と不和」の種を蒔き、ついにはあまりにも「決まりが悪く、また怯えた」ためペルーに救いを求めた、と非難した。一七四五年一二月、ゴダンはフランス科学アカデミーから追放されるという不名誉にさらされた。そのとき彼はリマにいて、サンマルコス大学の数学教授という高給の職についていた。これは、測量隊の長年の友人で助言者だったペドロ・デ・ペラルタ・イ・バルヌエボの死により空いた席だった。二年後、リマは数千人が犠牲になった地震で壊滅状態になり、ゴダンの大学での短い経歴に終止符が打たれた。その後、リマ再建のため測量と都市計画に携わる重要な役を演じた。ゴダンはペルーでの歳月に蓄積した観測結果と日誌を公表せず、遠征の正式な記録はついぞ提出しなかった。一七五一年、パリに戻って妻のローズ・アンジェリークと再会。夫妻はホルヘ・ファンとウジョーアに促されてスペインに移住し、ゴダンはカディスの海軍学校校長に任命された。科学アカデミーは最終的にゴダンの再入会を認めたが、その四年後、彼は心臓発作のため五八歳で死亡した。

ジョセフ・ド・ジュシュー

測量隊がついに解散したとき、ジュシューは一文無しで病気になっていた。憂鬱症の医師は二年かけて帰国できるだけの旅費を貯めたが、天然痘にかかったためキトを離れられなかった。一七四七年、彼はリマへ行ってルイ・ゴダンと再会した。二人はチチカカ湖まで旅をし、ジュシューはそこで水鳥の研究をした。ゴダンと別れたあと、引き寄せられるように銀鉱の町ポトシへ行って、水銀中毒になった鉱夫の治療にかかわった。そこで四年過ごし、一七五五年にリマに戻ったときには心身ともに衰弱していて、死ぬまで全快することはなかった。一七七一年、家族から何度も懇願されながらも三六年間異国で過ごしたのちフランスに帰国。人生最後の八年間を、兄のベルナールと甥のアントワーヌ・ローランに世話をされ、元気なく引きこもって過ごした。広範囲にわたる植物学的な発見をまったく公表せず、収集物の大半は旅の途中に失われてしまった。

ジャン゠ジョセフ・ヴェルガン

発表された測量隊の記録において、フランス人専門家四人——ジュシュー、ヴェルガン、モランヴィル、ユーゴー――についてはあまり言及されていない。地図作製技師のヴェルガンは、展開を続ける測量隊の活動に貢献した多才で現実的な人物、難しい問題がどんどん増えていく中で不可欠な存在だった。彼の多くの貢献のうちきわめて重要なものの一つに、一七三八年七月にキトで作製した手描きの地図がある。地図は、二つの測量班が三角測量の前半部で成し遂げた内容を記録している。そのあとにヴェルガンが描いた地図には、二〇〇マイル(約三二〇キロメートル)離れた基線のあいだに張りめぐらされた三角鎖全体が示されている。測量隊の作業が完了したあと、ヴェルガンは病気のため足止めされ、ペルーを出られたのは一七四五年、ブーゲが出国した二年後だった。ようやくフランスに着いてトゥーロンの自宅に帰ると、妻は死に、二人の子どもは祖母に育てられていた。ヴェルガンは再婚してトゥーロンの港で技師の仕事に戻った。一七五二年に描いたトゥーロンの兵器庫と埠頭の精密な設計図は、一〇年間の遠征で訪れたカリブ海と南米の港では発揮できなかったであろう彼の几帳面さを表している。赤道測地測量隊への貢献により、彼は科学アカデミーの通信会員に推薦された。一七七七年四月、七五歳で死去。

ジャン=ルイ・ド・モランヴィル

製図工兼画家として同行したモランヴィルが測量隊に果たした貢献は、当初の任務をはるかに超えるものだった。三角測量班にとって欠かせない存在で、天文観測ではラ・コンダミーヌに協力した。ラ・コンダミーヌがヤルキに問題のピラミッドを建造するのを手伝い、発表できるようその記念碑の絵を描いた。おそらく、彼の最高傑作は『キト市街地図』である。モランヴィルはこの地図を一七四一年に作製した。公表された初めての詳細なキトの市街地図であり、一八世紀のスペイン植民都市の片鱗を見せる唯一の記録だ。モランヴィルは、キナノキの最古の詳細図を描いた功績でも認められている。測量隊の結成から解散に至るまできわめて重要なメンバーだったこの製図工兼画家は、アカデミーから見捨てられた。モールパに償いを求める試みは不首尾に終わった。モランヴィルは二度とフランスを見ることも、妻に会うこともなかった。彼は画家や建築家の仕事を見つけたが、一七六五年頃、五八歳で、リオバンバ近郊のシカルパで教会の修理を手伝っているとき足場から落下して死亡した。

セオドア・ユーゴー

この興味深く、ほとんど記録に残されていない測量隊メンバーの生年月日は不明だが、ロシュフォールから出航したとき二〇代後半か三〇代初めだったと推定される。時計職人という職業ゆえに、旋盤操作からねじ切りや鋳造までの広範な金属細工の技能を持つ専門的精密機械工という役割を求められた。ラ・コンダミーヌにとって、彼は「我らが時計職人たる誇り高きユーゴー」、「ユーゴー閣下《シュール・ユーゴー》、我らが器械技術者」だった。その専門技術によって測量隊の活動を可能にした時計職人《オルロージ》は、発表された記録ではほとんど取り上げられず、ついにはアカデミーから見捨てられてペルーに残された。ユーゴーもモールパに賠償金を求めたが得られなかった。やがて彼は時計製作の仕事を辞め、キトでタイル製作の仕事を始めて地元の女性と結婚し、彼女とのあいだに多くの子を儲けた。一七八一年頃死去。

ジャン＝バティスト・ゴダン・デ・ゾドネ

〝測標の運び役〟そして天文観測助手として忠実に根気強く測量隊に仕えたあと、ゴダン・デ・ゾドネは織物業を始め、キトでイサベル・グラメソンと所帯を構えて第一子を得た。フランスへの航海のため金を貯める計画を立てていたが、運命は彼らを妨害しつづけた。赤ん坊は死に、織物業も、徴税吏の仕事で金を得ようという試みも、長続きしなかった。一七四四年にキトで伝染病が流行すると、彼らは健康にいい空気を求めてイサベルの親族とともにリオバンバに移った。二人目、三人目の子どもも相次いで亡くなり、一七四八年、ゴダン・デ・ゾドネは八年前に書かれたフランスからの手紙を受け取った。その手紙で、父親が死去したこと、彼がサン＝タマン＝モンロンの家に戻るのを家族が望んでいることを知る。彼は、恩師で英雄であるラ・コンダミーヌにも劣らない大胆な計画を立てた。アマゾン川を下って大西洋まで行き、そのルートが安全であることを確認できたらアマゾン川をさかのぼって当時また妊娠していたイサベルを迎えに行く。そして一緒にアマゾン川を下って海路でフランスに向かうのだ。一七四九年、ゴダン・デ・ゾドネは六年前にラ・コンダミーヌがたどったのと同じルートでアマゾン川を下った。七カ月後に大西洋岸に行き着いたが、金がなかったのとポルトガル当局に妨害されたため、川をさかのぼることができなかった。金を稼ぎ、許可を得ようと何度も試みたものの、失敗に終わった。別離から一九年後、イサベルは四〇人の仲間とともに、ゴダン・デ・ゾドネが滞在している海岸まで行こうとアマゾン川を下る旅に出た。仲間の大部分は道中で死に、彼女は一人でアマゾンの熱帯雨林を歩いて抜けざるをえなかったが、やがて現地の村人に助けられ、養生して健康を取り戻した。一七七〇年七月一八日に夫と再会。翌年の六月にはフランスに戻った。夫妻はサン＝タマン＝モンロンのジャンの実家で隠居生活を送った。ジャンはケチュア語の文法書を出版することはできなかったが、ラ・コンダミーヌは自らの著書の改訂版に、ジャンが書いた七〇〇〇語から成るイサベルの驚くべき旅の記録を収録した。ラ・コンダミーヌの尽力により、ゴダン・デ・ゾドネは「王に仕える公認地理学者」としての業績に対して恩給を受けられることになった。彼は一七九二年に七九歳で死去し、イサベルはその七カ月後、六五歳で死去した。二〇〇四年、彼らの物語はロバート・ウィタカーによるベストセラー『地図製作者の妻――愛、殺人、アマゾンでのサバイバルについての真の物語（*The Mapmaker's Wife, A True Tale of Love, Murder and Survival in the Amazon*）』（未邦訳）になった。現在、サン＝タマン＝モンロンはリオバンバと姉妹都市になっている。

ジャン・セニエルグ

三五歳で殺された外科医が測量隊に与えた影響は、生前よりも死後のほうが大きかった。金儲けのためカルタヘナ・デ・インディアスまで遠征したせいで、彼は早くに測量隊から姿を消し、富への欲望が増すのに反比例して測量への貢献は小さくなった。流血沙汰となった「クエンカ事件」のあと、ラ・コンダミーヌは殺人犯を追うことに固執したせいで、最後の三年間は測量作業に専念できないことがたびたびあった。測量隊に関する最も包括的な記録である『地球の測定（*Measure of the Earth*）』（未邦訳）を著した歴史家ラリー・D・フェレイロは、セニエルグは初期の妄想型統合失調症だったのではないかと推察している。セニエルグの好戦性や強欲さは、より繊細な友人ジョセフ・ド・ジュシューに悪影響を与えたかもしれない。

ジャック・クープレ＝ヴィギエ

若きジャックは測量隊の犠牲者の一人だった。ラ・コンダミーヌによれば、彼は全員の中で「最も頑健」だった。キトを離れて基線を探す最初の下調べに彼が参加したのは、測量隊に貢献して心躍る新たな土地を自分の目で見て実感したいという熱意の表れだった。フランスから出航したのは一七歳、そしてカヤンベで「腐敗性の発熱」のため死亡したのは一八歳のときだった。

グランジエール

「白人も有色人種も含めて召使いの何人が旅の途中で死んだのか、数はわからない。うち二人は暴力によって亡くなった」――シャルル＝マリー・ド・ラ・コンダミーヌ、一七五一年。

二〇〇年後の今なら考えられないような言葉である。遠征での活動が記録されているフランスとスペイン出身のメンバー一二人には、何十人もの召使いや奴隷が付き添ったが、彼らの顔ぶれは常に変動していた。これらドメスティッキの中で、測量隊が解散したあとの消息が明らかになっている唯一の人間は、ブーゲが一七三五年にサン＝ドマングで買った召使いである。

グランジエールは遠征に最後まで付き添い、測量、地図作製、天文観測などの能力を蓄積していった。キト郊外の〝秘密の〟観測所や、コチャスキの観測所で、ブーゲとともに働いた。一七四三年に観測が終了すると、彼はブーゲに同伴してカルタヘナ・デ・インディアスまで長い陸上の旅をし、船でサン＝ドマングへ行き、そこで解放されて、フランス植民地の測量士として雇われた。プランテーションの奴隷フランソワ＝ドミニク・トゥーサン＝ルヴェルチュールを指導者とする革命がサン＝ドマングのフランス植民地支配を打ち破って世界で初めて黒人の共和国を設立したとき、グランジエールは存命だった可能性がある。興味深い話である。

読者の方々へ、文献について

ありがとう。あなた方がいなかったら、作家は存在できるだろうか？

既にお察しのとおり、これは学術的専門書というよりは物語である。私は机を甲板に取り替えて、科学者たちと一緒に答えを探す航海に出たいと思ったのだ。パンデミックで動きを封じられながら執筆した本書は、ロックダウン下での発見の旅として新世界の高地や低地に私を連れていってくれた――ロフトやキッチンに。しばらくのあいだはロンドン図書館まで自転車で行き来することができ、毎回ガリオン船のごとく参考文献という戦利品を積んで帰った。

本書の素材の大部分は、書籍、雑誌、オンライン図書館から入手した。ロフトからは、一九八九年に徒歩、バス、丸木舟、蒸気機関車でエクアドルじゅうを旅したあとしまい込んでいたノート、地図、種々の領収書や文書を収納した書類箱が出てきた。忘れられたノートに走り書きした記述を再読したとき、本書に登場する場所の多くが鮮明に記憶に蘇った。当時私は、歴史家ジョン・ヘミング著『インカ帝国の征服（*The Conquest of the Incas*）』（未邦訳）を携え、かの素晴らしい土地でのコンキスタドールとインカ帝国の盛衰を自分なりに理解しようとしながら旅をした。旅には、美しく若い女性が同行していた。プロポーズするつもりで、アラウシ上方の山中にある古いインカの道を行くロマンティックな山歩きを提案した。一七三〇年代のアカデミー会員たちと同じく、私たちはアンデス登山の厳しさに備えができておらず、市場の露店で買ったゴミ袋にくるまって凍えながら高度四〇〇〇メートルを超える地点で最初の夜を過ごした。翌日はクチヤ・トレス・クルーセス山の風雨にさらされた長い尾根を越えた。二世紀以上前にブーゲとラ・コンダミーヌとウジョーアが激しい嵐にテントを破られ支柱を折られて、身を寄せ合って過ごした場所の測標から、二キロメートルも離れていないところである。私の写真には、この物語の舞台となった、銀色に光る火山が突き出す青い稜線やぎざぎざの尾根が写っている。私たちはアンデス山中で少々迷いながら三日間さまよったあと、ラ・コンダミーヌが画期的なインカ遺跡の調査を行ったインガピルカの廃墟まで下りた。

そういうわけで、本書のためのリサーチは、多数のソースから情報の断片を発掘して吟味し、研究対象に忠実であるよう秩序正しく並べるという、物語的考古学の実践だった。研究を進めていく中で蓄積した知識を脚注として本書に載せるかどうか、最初は悩んだ。ほとんどは、引用元を詳述したり、測量隊の訪れた〝シナサグアン〟が現在のナウーパン山らしいという結論に至った理由を説明したりする、無味乾燥な注意書きだ。直腸の壊疽の治療薬として香辛料や火薬を染み込ませたレモンに効力があるといった、秘密の霊薬に関する余談もある。〝キャノニエール〟という語については納得できるまで時間をかけて調べ、『少年年鑑（*Boy's Own Annual*）』（未邦訳）一八八三年版から、小型の軍隊用テントだと判明した。私は脚注が大好きだ。だが最終的に数えたとき本書には脚注が七九六あり、合計二万八〇〇〇語近くになっていた。著者の個人的な興味によって読者の注意を本書の内容からそらしてはいけないと思ったので、脚注は割愛した。本書に登場する引用のほとんどは、遠征に関する書物や論文を著した測量隊メンバー四人の作品からのものだ。

語り部として抜きん出ているのはラ・コンダミーヌだ。主な著書二冊のうち、『赤道への航海日誌』（一七五一年）はこの無秩序な一八世紀の遠征の週ごとの詳細な記録である。もう一冊の『南半球の子午線最初の三度の測量』（一七五一年）は南米における測量隊の一〇年間で利用した三角測量、天文学、機器や計算の説明だ。ピエール・ブーゲによるもっと厳密な『地球の形状』（一七四九年）は、海岸でラ・コンダミーヌと起こした事件や、火山や地震の調査などについての紀行文で始まる。だがこの本の中心は測地調査の数学的な解説であり、三角法や天文学の面白さや、四分儀や振り子や天頂儀の細部についての考察がたっぷり述べられている。ホルヘ・フアンとウジョーアによる『南米諸王国紀行』（一七四八年）はこれら異国の地と異民族に関する最も詳細な地理的描写として高く評価されている。ウジョーアのペンを通じて、我々はキトの不平等な階級制度や、太平洋岸に棲息する水陸両生のいわゆる〝鳥の子〟――現代での呼び名は〝ペンギン〟――について知ることができる。ホルヘ・フアンとウジョーアによる第二巻『天文学的および物理的観測』は測地測量について述べている。この一次資料五巻はすべてオンラインで閲覧可能である。ラ・コンダミーヌ、ブーゲ、ウジョーアによる著書の英訳された短縮版は、ジョン・ピンカートン編著『世界各地への優れた航海や旅の記録全集（*A General Collection of the Best and Most Interesting Voyages and Travels in All Parts of the World*)』（未邦訳）第一四巻（一八一三年）に収録されている。測量隊の回顧録に時折顔を出す一八世紀の白人至上主義的な思想と対照的なのが、ホルヘ・ファンとウジョーアがまとめた機密書類である。南米スペイン領における腐敗と残虐行為を暴露した『アメリカ機密情報』は一八二六年まで公表されなかったが、現在は英語版が存在している（ジョン・J・テパスケ訳・編集『ペルー諸王国に関する論文および政治的考察（*Discourse and Political Reflections on the Kingdoms of Peru*)』（未邦訳）（一九七八年））。測量隊のほかのメンバーの中では、ジャン＝ジョセフ・ヴェルガンの働きが子孫に残された地図の形で後世に伝えられている。このコレクションは、フランス国立図書館（BNF）のウェブサイト上で閲覧可能である。BNFは、年刊誌『王立科学アカデミー史（*Histoire de l'Académie Royale des Sciences*)』（未邦訳）をおさめた素晴らしいデジタル保管庫も管理している。各年度版は冒頭に最新の科学的研究を要約した短い歴史《イストワール》を載せ、それに続いてその年のもっと包括的な記録《メモワール》を収録している。一七三五年版には、ゴダンとラ・コンダミーヌがサン＝ドマングから送った振り子の報告書と、振り子の分解組立図が見られる。アカデミーの年刊誌『天体暦』もBNFのウェブサイト上にある。一七三〇年代と四〇年代の国をまたいだやり取りについては、リゴー編著『一七世紀の科学者書簡集（*Correspondence of Scientific Men of the Seventeenth Century*)』（未邦訳）第一巻（一八四一年）が面白く、ニュートンとホイヘンスからの書簡や、ブーゲとラ・コンダミーヌがキトでロンドンのエドモンド・ハレーに宛ててゴダンに対する怒りをぶちまけて書いた手紙が収録されている。頬の垂れたパリの詩人シネッティについてラ・コンダミーヌがふざけて書いた手紙は、セオドア・ベスターマン編著『ヴォルテール全作品集第八七巻、書簡および関連文書第三部、一七三四年五月〜一七三六年六月（*The Complete Works of Voltaire 87, Correspondence and Related Documents, III, May 1734-June 1736*）』（未邦訳）（一九六九年）にある。

赤道測地測量隊については現代の多くの作家が書いている。ラリー・D・フェレイロの名著『地球の測定──世界を作り直した啓蒙的遠征（*Measure of the Earth: The Enlightenment Expedition That Reshaped Our World*）』（未邦訳）（二〇一一年）は新たな研究を整理し、ジェンキンズの耳の戦争など測量隊がかかわったサブプロットも網羅している。測量隊メンバーのジャン＝バティスト・ゴダン・デ・ゾドネの恋愛ドラマについては、ロバート・ウィタカー著『地図製作者の妻──愛、殺人、アマゾンでのサバイバルについての真の物語』（二〇〇四年）を読むといい。より学術的なニール・サフィアー著『新世界の測量──啓蒙的科学と南アメリカ（*Measuring the New World: Enlightenment Science and South America*）』（未邦訳）（二〇〇八年）は、大西洋の向こう側における知識の潮流を記した良書である。測地学への測量隊の貢献については、優れた二次資料が二冊ある。ミカエル・ランド・ホア著『地球の真の姿を求めて──四世紀にわたる測量のアイデアと遠征（*The Quest for the True Figure of the Earth: Ideas and Expeditions in Four Centuries of Geodesy*）』（未邦訳）（二〇〇五年）には初期の測量やモーペルテュイによる北極圏測量隊に関する章がある。ジェームズ・R・スミス著『平面から回転楕円面へ――紀元前三〇〇〇年から一八世紀のラップランドおよびペルー測量遠征に至る地球の測量の歴史（*From Plane to Spheroid: Determining the Figure of the Earth from 3000 B.C. to the 18th Century Lapland and Peruvian Survey Expeditions*）』（未邦訳）はペルーとラップランドへの遠征から二五〇年になるのを記念して一九八六年に出版された。メアリー・テラル著『地球を扁平にした男――モーペルテュイと啓蒙時代の科学（*The Man Who Flattened the Earth: Maupertuis and the Sciences in the Enlightenment*）』（未邦訳）（二〇〇二年）は測量隊のライバルとなったアカデミー会員の生涯をたどっている。ジョセフ・タウンゼントによる、年配になったウジョーアがカディスで宝物に囲まれて送った暮らしを綴った感動的な物語は、一九三五年五月に刊行された『ヒスパニック・アメリカン・ヒストリカル・レビュー』誌のアーサー・ウィタカーによる記事「アントニオ・デ・ウジョーア」の中に登場する。「インガピルカとアンデス地帯における科学的現地調査の発達に関するシャルル＝マリー・ラ・コンダミーヌの報告書、一七三五～一七四四年」（『アンデスの過去　第二巻（*Andean Past 2*）』（未邦訳）（一九八九年））で、モニカ・バーンズとデヴィッド・フレミングはこのアカデミー会員を「アメリカ大陸でのスペイン時代以前の遺跡を、歴史的解釈に関心がある人間の立場から測量して分析した最も初期の観測者」と紹介している。ブーゲは『地球科学史』誌第二九巻（二〇一〇年）で取り上げられた。そこではジョン・スモールウッドが「ブーゲの雪辱――一七三七～一七四〇年ピチンチャとチンボラソで行い成功裏に終わった重力実験」で、苦労して行った振り子による観測を再評価している。

遠征隊の目的とは直接関係がない話題を扱ったものの中にも、輝きを放つ優れた作品が存在する。私が楽しんで読んだものの一つは、ニコラス・クロンク著『ヴォルテール、簡略な紹介（*Voltaire, A Very Short Introduction*）』（未邦訳）である。測量隊の有力な友人や傍観者の中の一人に関する洞察は、列車の旅のお供にする値打ちがある。一方、イアン・デヴィッドソン著『ヴォルテールの生涯（*Voltaire, A Life*）』（未邦訳）（二〇一〇年）は非常に読み応えのある長編伝記である。ジョン・C・ルールが海軍大臣モールパ伯爵ジャン＝フレデリック・フィリップ・フェリポーの実像を明らかにしたエッセイは、『ルイジアナ史』誌一九六五年秋号に掲載されている。タイタ・〝父なる〟ブエランとカニャーリ族の物語は、E・カーリン、S・ファン・ド・カーク編著『アメリカ大陸の言語学および考古学――言語と社会の歴史化（*Linguistics and Archaeology in the Americas: The Historization of Language and Society*）』（未邦訳）（二〇一〇年）のロザリーン・ハワードによる章（「彼らはなぜ私たちの音素を盗むのか？　カニャーリ語の存続の捏造」）に登場している。ジョン・ヘミング著『インカ帝国の征服』（一九七〇年）ほど、インカ族の悲しい歴史を鮮やかに描いたものはない。大西洋の向こう側の地政学と南海会社のうさんくさい取引に関しては、エイドリアン・フィヌケーン著『交易の誘惑――イギリス、スペイン、そして帝国の苦闘（*The Temptations of Trade: Britain, Spain, and the Struggle for Empire*）』（未邦訳）（二〇一六年）を参考にした。一九七九年出版のジェフリー・ウォーカー著『スペインの政治と帝国の交易、一七〇〇～一七八九年（*Spanish Politics and Imperial Trade, 1700-1789*）』（未邦訳）は、カルタヘナ・デ・インディアス、ポルトベロ、パナマでの貿易（合法、違法の両方）を描いている。テイマー・ヘルツォーク著『正義の維持――社会、国家、そしてキトの刑罰制度（一六五〇～一七五〇年）（*Upholding Justice: Society, State, and the Penal System in Quito (1650-1750)*）』（未邦訳）は、キトのアルセドが長官として行った残酷な統治を明らかにした。マーク・ホニングスバウム著『熱の道――マラリアの治療薬を求めて（*The Fever Trail--The Hunt for the Cure for Malaria*）』（未邦訳）（二〇〇一年）はロハのキナノキの森に分け入っている。カッシーニ家や、一八世紀のフランス地図製作者たちが自らを世界のリーダーと考えていた理由については、ジェリー・ブロットン著『一二枚の地図に見る世界の歴史（*A History of the World in Twelve Maps*）』（未邦訳）（二〇一二年）の第九章ほど詳しい資料はない。『英国地理学会会報』第三九巻（二〇一四年）収録のマイケル・ヘファーマンの論文「地理学とパリ科学アカデミー――一八世紀初頭のフランスにおける政治と学問支援」では、私たちはルーブルの公文書館に案内され、ペルーとラップランドへの遠征隊が「おそらく歴史上初めて、のちに現代的な研究が行われることになる概念の分野を確立して、地理学という新たな学問」に貢献したことを教えられる。

科学機器や測地学に関する書物や論文は何百もある。まず取り上げるべき信頼の置ける著者は、偉大なるエヴァ・ジャーメイン・リミントン（E・G・R）・テイラーだ。航海術に関する重要な著作には『幾何学的な船乗り――初期の航海用計器（*The Geometrical Seaman: A Book of Early Nautical Instruments*）』（未邦訳）（一九六二年）や『停泊所を探して――オデュッセイアからクック船長までの航海の歴史（*The Haven-Finding Art, A History of Navigation from Odysseus to Captain*

Cook)』(未邦訳)(一九五六年)などがある。比類ない蔵書量を誇るロンドン図書館から私が借りたA・R・クラーク大佐著『測地学(*Geodesy*)』(未邦訳)には、ピチンチャ山の嵐の中で振り子を用いて高高度での重力の影響を調べようとしたブーゲの試みが述べられている。

専門的なアンデス登山に関しては、エドワード・ウィンパー著『アンデス登攀記』(岩波書店、大貫良夫訳、二〇〇四年)(一八九二年)を参考にした。測量隊がペルー副王領を発って一世紀以上あとに出版された本ではあるが、ウィンパーが雪稜線を越えたときの苦難は、ラ・コンダミーヌや一緒に山に登った者たちの苦難とほとんど変わらない。地図や登山が好きな人には、測量隊の冒険の足跡をたどるのに利用できる資料は数多くある。一七四六年にヴェルガンが描いた概略地図(BNFウェブサイトで閲覧可能)と、地理軍事研究所(IGM)によるエクアドル、キトのオンライン上の五万分の一の地形図を突き合わせてほしい。それらをグーグルアースでの衛星画像と見比べてみよう。最も顕著な地形の変化は、小さくまとまった一マイル(約一キロ半)四方の町が三〇マイル(約五〇キロメートル)にまで広がった、一七四六年からのキトの成長である。ヤルキの基線に選ばれた長く平坦な台地は、キトの新しい国際空港の主滑走路になった。

ところで、地名のスペリングという厄介な問題に触れておかねばならない。測量隊のメンバーはそれぞれ地名に関してさまざまに異なる名前を採用しているため、混乱が生じている。特に顕著なのは、当時利用可能な地図に名前が載っていなかった山々である。本書では、『タイムズ世界地図帳』(雄松堂出版)に書かれたスペリングを用いることにした。小さすぎるためこの地図帳に掲載されていない土地や山や川については、IGMの五万分の一地図のスペリングを採用した。特に混乱を招きそうな地名が一つある。一七三五年の〝リオバンバ〟は、その後名前のみならず場所も変えていた。一七九七年の壊滅的な地震のあと、この都市は二〇キロメートル東へ移された。本書で測量隊が訪れた一七三〇年代の〝リオバンバ〟は、現在カハバンバになっている。距離の単位としては、当時使われていたトワーズ、フィート、マイルを用いた。メートルやキロメートルはまだ国際単位として登場していなかった。とはいえ、それが最終的に採用されたことにはラ・コンダミーヌも一役買っている。

本書の執筆は大変楽しかった。私は本質的に地理学者であり、本書は地理的冒険物語だ。ロックダウン下の生活に救いをもたらしてくれた。だが、新型コロナウィルス流行直前に一通のメールがパソコンの画面に現れなかったとしたら、本書は存在しなかっただろう。

本書のアイデアを出したのは、マイケル・ジョセフ出版社ノンフィクション部長ダン・バンヤードである。実に魅力的な物語だった。帆船、地図、登山、きわめて困難な三角測量、反乱、殺人、映画に出てきそうな登場人物の織り成す、壮大な冒険。ある午後にロックダウン下のロンドンでダンと会ったとき、初めての打ち合わせだったにもかかわらず、私は既に心を奪われていた。ありがとう、ダン、このように楽しい仕事を依頼してくれて。そしてありがとう、ユナイテッド・エージェンツのジム・ジル、たゆまぬ知恵と励ましを与えてくれ、アルフレッド王時代のイングランドのさわやかな国境地帯にタイミングよく散歩に連れ出してくれて。地理学を学んでいた大学時代の友人マーティン・グッドチャイルドは初期の草稿を読み、多くの矛盾や不適切な余談を非常に詳細にまで列挙してくれた。誤りがまだ残っていたなら、もちろん責任は私にある。

本書が完成に近づくにつれ、私はマイケル・ジョセフ出版社の素晴らしく陽気で有能なチームとこの旅をともにすることができた。編集部長ビー・マッキンタイア、編集助手アギー・ラッセル、地図担当責任者フラン・モンテイロ、校閲者サラ・デイ。広報部のガビー・ヤングとスリヤ・ヴァラダラジャン、マーケティング部のソフィー・ショーの優れた専門知識のおかげで、本書を素晴らしい読者の手に届けることができる。ありがとう、皆さん。

本書の画像使用許可に関しては原書二四六ページの写真クレジットを参照してほしい。マルティニーク島の絵を除く白黒のイラストは、すべてブーゲ、ラ・コンダミーヌ、ホルヘ・ファン、ウジョーアの作品から引用した。

最後になったが、本書は科学に関心を持つすべての人に捧げたい。

ニック・クレーン、ロンドンにて、二〇二一年

写真クレジット

写真1：Bridgeman Images
写真2：Alamy Stock Photo
写真3：Bridgeman Images
写真4：モーリス・カンタン・ド・ラ・トゥール（フランス、一七〇四〜一七八八年）、シャルル＝マリー・ド・ラ・コンダミーヌの肖像画。パステル画、19 1/4 × 17 1/4インチ。Frick Art & Historical Center, Pittsburgh, 1970.40.
写真5：Alamy Stock Photo
写真6：Alamy Stock Photo
写真7：Alamy Stock Photo
写真8：Mary Evans Picture Library
写真9：Gallica──フランス国立図書館デジタルライブラリー
写真10：Gallica──フランス国立図書館デジタルライブラリー
写真11：Bridgeman Images
写真12：Gallica──フランス国立図書館デジタルライブラリー
写真13：Alamy Stock Photo
写真14：Bridgeman Images
写真15：Gallica──フランス国立図書館デジタルライブラリー

写真16：Alamy Stock Photo
写真17：Gallica――フランス国立図書館デジタルライブラリー
写真18：Gallica――フランス国立図書館デジタルライブラリー
写真19：Gallica――フランス国立図書館デジタルライブラリー
写真20：Gallica――フランス国立図書館デジタルライブラリー
写真22：Bridgeman Images
写真23：Gallica――フランス国立図書館デジタルライブラリー
写真24：Mary Evans Picture Library
写真25：Bridgeman Images
写真27：Alamy Stock Photo
写真28：Alamy Stock Photo
写真29：Bridgeman Images
写真30：Gallica――フランス国立図書館デジタルライブラリー
写真31：Bridgeman Images

訳者あとがき

地球は丸い。それは小学生でも知っている。だが、それは完全な球体なのか？

両極が平たい回転楕円体である、との説を唱えたのはアイザック・ニュートンだ。地球は自転しているので遠心力によって赤道付近がふくらみ、そのため扁平な形になっているという。しかし、どうやって証明すればいい？ 〝地球を測る〟ことによってそれを立証したのが、本書の主人公たる赤道測地測量隊（Geodesic Mission to the Equator）である。フランスとスペインからの学者や技師や軍人から成る測量隊は、赤道付近で緯度一度の距離を測り、ほかの地点での距離と比べて地球の形を見きわめようとした。

とはいえ、それは簡単なことではない。当時は一八世紀、もちろん飛行機も自動車も誕生していない。三角測量によって距離を測るには、馬やラバに乗り、あるいは歩いて、山に登ったり谷に下りたりしてひたすら観測を行うしかない。そもそも、ヨーロッパから目的地である南米の赤道地帯まで行くだけでも一年を要した。その後測量を始めてからも、高度数千メートルの山に登って高山病になったり、吹雪の中でテントに閉じ込められたり、道に迷ったり、熱病に侵されたりと、さまざまな困難に遭遇する。

彼らの苦労には地理的のみならず人的要因もあった。測量隊を率いるリーダーの能力不足のせいで隊は統率を欠き、内部対立が絶えず、それぞれが勝手な行動を取り、そのためにさまざまなトラブルが発生した。作業を進めるのに不可欠な地元民の協力が得られないことも、測量に必要な道具が盗まれることもあった。殺人事件も起こった――隊員が地元の人間を殺した事件もあれば、隊員が殺される事件もあった。

彼らの働きを歴史の教科書に書くとすれば、「測量隊は緯度一度の長さを測って地球がニュートンの仮説どおり回転楕円体であることを証明した」と一行で終わるだろう。けれども、そこには隊員一人一人について波乱万丈のドラマがあった。それだけではない。古今東西、大規模事業について名前が残るのは企画者やリーダー格の人物だけで、実際の作業に携わった無名の人々は無視されがちである(「江戸城を建てたのは誰？」――答えは「徳川家康」でなく、「太田道灌」でもなく、「大工さん」、というなぞなぞを思い出してほしい)。この測量プロジェクトにおいても、功労者とされているのは隊の主だった五人だけだが、重い荷物を運んで山を登ったり、険しい崖の縁でラバを引いたり、地図もない道を案内したりした、何十あるいは何百人もの召使い、奴隷、地元民の働きがあったからこそ目的が果たされたのは言うまでもない。たいていの記録で彼らの存在は除外されているが、本書の著者はそうした名もなき人々に言及することも忘れていない。そこにこそ、三〇〇年前の出来事をあえて今取り上げた意義があるのかもしれない。

隊員や協力者が測量に携わった動機は千差万別である――純粋な学問的興味、好奇心、名誉や名声、報酬。奴隷たちにとっては、自ら選んだわけではない強制労働だった。本書を通じて、大きな事業は多種多様な無数の人々の努力と犠牲によって成し遂げられることを、改めて思い知らされる。

上京恵

二〇二二年四月

◆著者

ニコラス・クレーン（nicholas crane）

地理学者、作家。2015年から2018年まで王立地理学会の会長を務めた。英国映画テレビ芸術アカデミー賞受賞シリーズ *Coast, Great British Journeys, Map Man, Britannia, Town* のリードプレゼンターとしてのテレビ出演でも知られる。著書に *Clear Waters Rising, Two Degrees West, Mercator: The Man WhoMap the Planet, The Making of the British Landscape, You Are Here: A Brief Guideto the World* などがある。デイリー・テレグラフ、ガーディアン、サンデー・タイムズに寄稿。世界の七大陸すべてを旅しており、従兄弟のリチャード・クレーン博士と共に、地球上で最も外洋から遠い地点である「アクセス不能の極地」を特定し、初めて訪れた。ロンドン在住。

◆訳者

上京恵（かみぎょう めぐみ）

英米文学翻訳家。2004年より書籍翻訳に携わり、小説、ノンフィクションなど訳書多数。訳書に『最期の言葉の村へ』、『インド神話物語　ラーマーヤナ』『学名の秘密　生き物はどのように名付けられるか』、『男の子みたいな女の子じゃいけないの？　トムボーイの過去、現在、未来』、『リバタリアンが社会実験してみた町の話』（原書房）ほか。

◆カバー画像

Art Heritage / Alamy Stock Photo

Hadel Productions / iStock

緯度《いど》を測《はか》った男《おとこ》たち
18世紀《せいき》、世界初《せかいはつ》の国際科学遠征隊《こくさいかがくえんせいたい》の記録《きろく》

●

2022年5月30日　第1刷

著者……………ニコラス・クレーン
訳者……………上京《かみぎょう》 恵《めぐみ》
装幀……………川島進
発行者……………成瀬雅人
発行所……………株式会社原書房
〒160-0022 東京都新宿区新宿1-25-13
電話・代表　03(3354)0685
http://www.harashobo.co.jp/
振替・00150-6-151594
印刷・製本……………シナノ印刷株式会社

ISBN978-4-562-07181-4, printed in Japan